원큐패스 Q PASS

지게차 운전기능사 필기

빈출문제 10회

다락원아카데미 편

다락원

머리말

최근 건설 및 토목 등의 분야에서 각종 건설기계가 다양하게 사용되고 있습니다. 건설 산업현장에서 건설기계는 효율성이 매우 높기 때문에 국가산업 발전뿐만 아니라, 각종 해외 공사에까지 중요한 역할을 수행하고 있습니다. 이에 따라 건설 산업현장에는 건설기계 조종인력이 많이 필요하고 건설기계 조종 면허에 대한 효용가치도 높아졌습니다.

이 책은 '지게차 운전기능사 필기시험'을 준비하는 수험생들이 짧은 시간에 필기시험에 합격할 수 있게 CBT 형식 모의고사로 구성하였습니다.

1. 기출에서 반복된다!
지난 10년간의 기출문제를 분석하여 출제빈도가 높은 문제만을 모아 10회의 모의고사로 구성하였습니다.

2. CBT시험에 강하다!
실제 CBT시험 화면과 유사하게 모의고사 지면을 편집하여, 수험자들의 불편함을 최소화하였습니다.

3. Top Secret 빈출100제!
기출문제 중에서도 반복적으로 가장 많이 출제되는 100문제를 정리해서 수험자들이 시험 직전에 활용할 수 있게 하였습니다.

4. 자주 나오는 안전표지문제 모아보기!
새롭게 출제되고 있는 안전표지 문제만을 모아 수험자들의 합격에 도움이 되게 하였습니다.

수험생 여러분들의 앞날에 합격의 기쁨과 발전이 있기를 기원하며, 이 책의 부족한 점은 여러분들의 조언으로 계속 수정, 보완할 것을 약속드립니다.

이 책에 대한 문의사항은
원큐패스 카페(**http://cafe.naver.com/1qpass**)로 하시면 친절히 대답해 드립니다.

자격종목	지게차운전기능사
응시방법	한국산업인력공단 홈페이지 회원가입 → 원서접수 신청 → 자격선택 → 종목선택 → 응시유형 → 추가입력 → 장소선택 → 결제하기
시험일정	상시시험 *자세한 일정은 Q-net(www.q-net.or.kr)에서 확인
검정방법	객관식 4지 택일형, 60문항
시험시간	1시간(60분)
시험과목	지게차 주행, 화물적재, 운반, 하역, 안전관리
합격기준	100점 만점에 60점 이상

출제기준

안전관리

1. 안전보호구 착용 및 안전장치 확인   2. 위험요소 확인
3. 안전운반 작업   4. 장비 안전관리

작업 전 점검

1. 외관점검 2. 누유·누수 확인
3. 계기판 점검 4. 마스트·체인 점검
5. 엔진시동 상태 점검

화물 적재 및 하역작업

1. 화물의 무게중심 확인 2. 화물 하역작업

화물운반작업

1. 전·후진 주행 2. 화물 운반작업

운전시야확보

1. 운전시야 확보 2. 장비 및 주변상태 확인

작업 후 점검

1. 안전주차 2. 연료 상태 점검
3. 외관점검 4. 작업 및 관리일지 작성

도로주행

1. 교통법규 준수 2. 안전운전 준수
3. 건설기계관리법

응급대처

1. 고장 시 응급처치 2. 교통사고 시 대처

장비구조

1. 엔진구조 익히기 2. 전기장치 익히기
3. 전·후진 주행장치 익히기 4. 유압장치 익히기
5. 작업장치

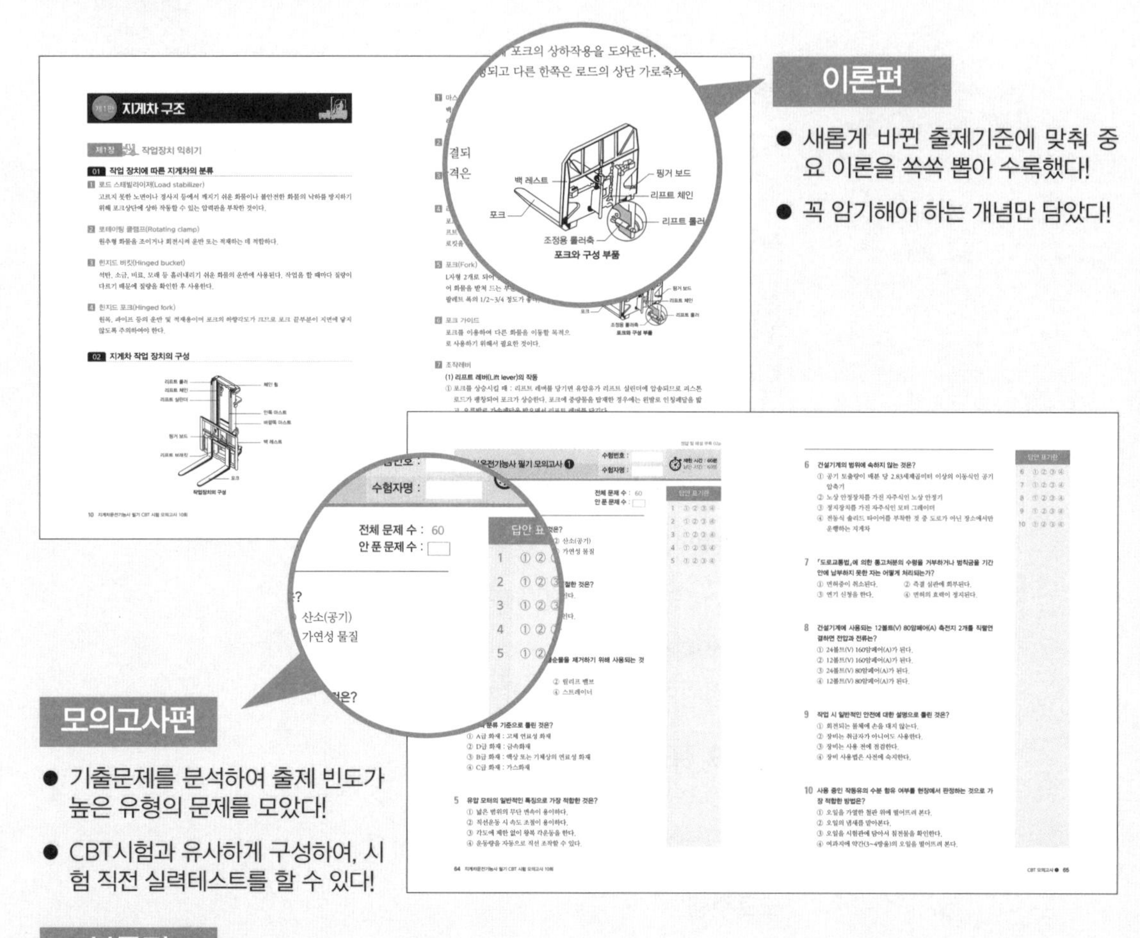

이론편

- 새롭게 바뀐 출제기준에 맞춰 중요 이론을 쏙쏙 뽑아 수록했다!
- 꼭 암기해야 하는 개념만 담았다!

모의고사편

- 기출문제를 분석하여 출제 빈도가 높은 유형의 문제를 모았다!
- CBT시험과 유사하게 구성하여, 시험 직전 실력테스트를 할 수 있다!

부록편

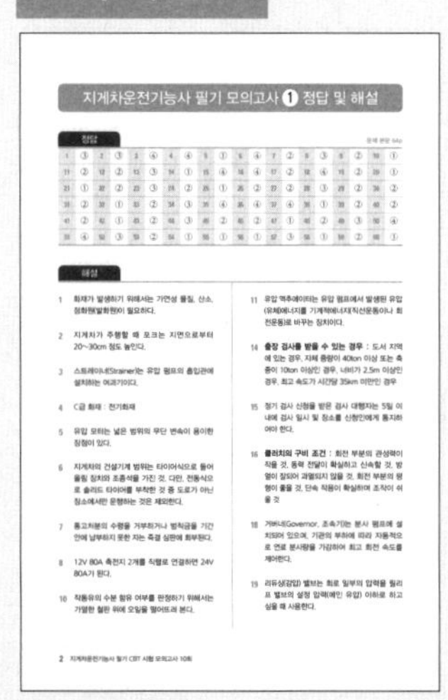

정답 및 해설

본 책의 모의고사 문제를 푼 후 정답과 해설을 확인하여 자신의 실력을 체크할 수 있다!

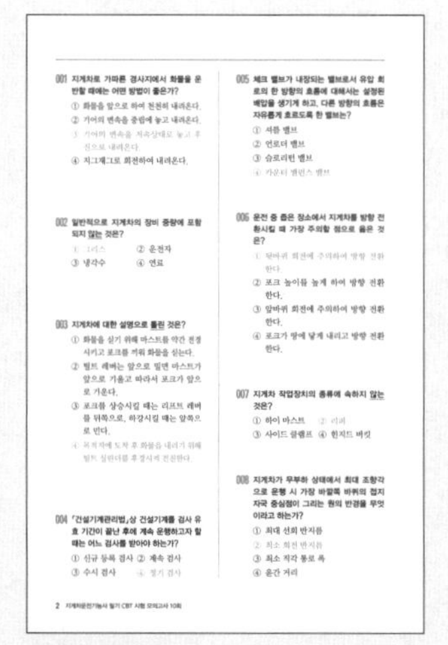

빈출 100제

자주 출제되는 기출문제 100제를 엄선했다!

안전표지문제

새롭게 출제되고 있는 안전표지, 도로명표지문제를 모았다!

STEP 1

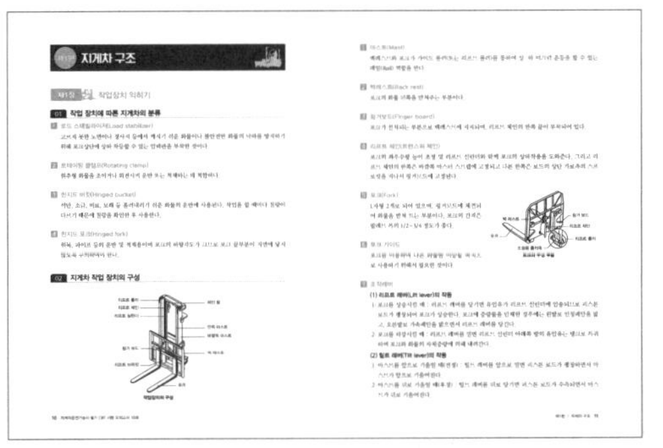

기본 개념 다지기

핵심 이론을 정독하여 꼭 암기해야 하는 개념을 정리한다.

STEP 2

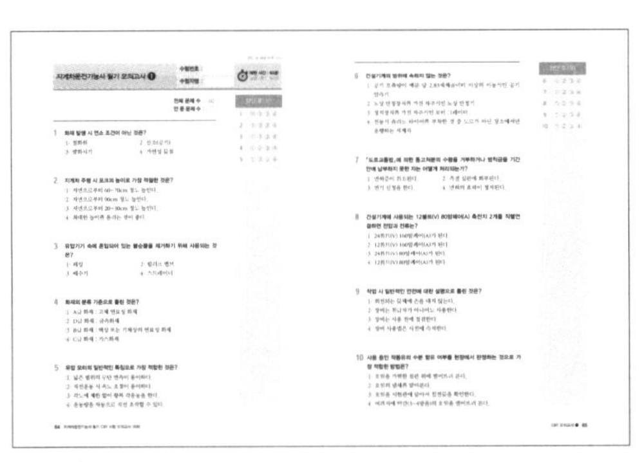

기출문제로 실제 시험 유형 익히기

지난 10년간의 기출문제를 정리한 모의고사를 반복해서 풀어 본다.

STEP 3

빈출 100제 암기하기

시험 직전까지 문제와 정답만 빠르게 외워 합격 점수 60점을 달성한다.

STEP 4

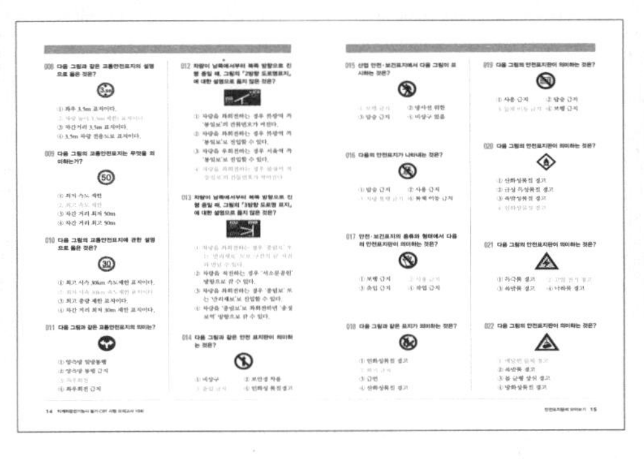

안전표지문제 정리하기

신유형이지만 비교적 쉬운 그림 문제를 한눈에 정리할 수 있어 합격률을 높인다.

차례

[이론편]

[모의고사편]

[특별부록]

이론편

제1편 지게차 구조

제1장 작업장치 익히기

01 작업 장치에 따른 지게차의 분류

1 로드 스태빌라이저(Load stabilizer)

고르지 못한 노면이나 경사지 등에서 깨지기 쉬운 화물이나 불안전한 화물의 낙하를 방지하기 위해 포크상단에 상하 작동할 수 있는 압력판을 부착한 것이다.

2 로테이팅 클램프(Rotating clamp)

원추형 화물을 조이거나 회전시켜 운반 또는 적재하는 데 적합하다.

3 힌지드 버킷(Hinged bucket)

석탄, 소금, 비료, 모래 등 흘러내리기 쉬운 화물의 운반에 사용된다. 작업을 할 때마다 질량이 다르기 때문에 질량을 확인한 후 사용한다.

4 힌지드 포크(Hinged fork)

원목, 파이프 등의 운반 및 적재용이며 포크의 하향각도가 크므로 포크 끝부분이 지면에 닿지 않도록 주의하여야 한다.

02 지게차 작업 장치의 구성

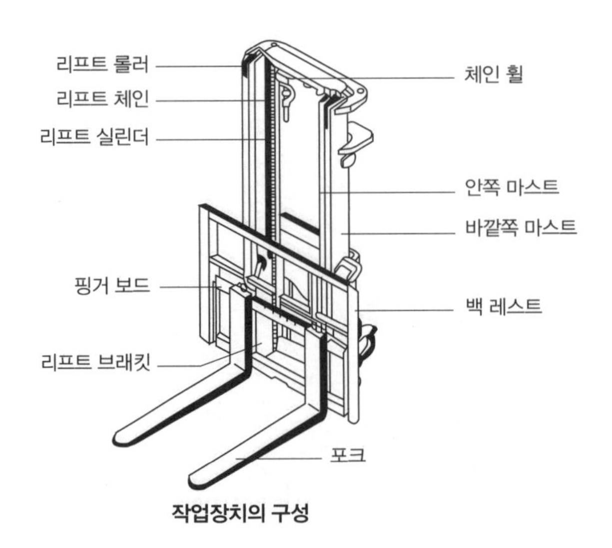

작업장치의 구성

1 마스트(Mast)

백레스트와 포크가 가이드 롤러(또는 리프트 롤러)를 통하여 상·하 미끄럼 운동을 할 수 있는 레일(Rail) 역할을 한다.

2 백레스트(Back rest)

포크의 화물 뒤쪽을 받쳐주는 부분이다.

3 핑거보드(Finger board)

포크가 설치되는 부분으로 백레스트에 지지되며, 리프트 체인의 한쪽 끝이 부착되어 있다.

4 리프트 체인(트랜스퍼 체인)

포크의 좌우수평 높이 조정 및 리프트 실린더와 함께 포크의 상하작용을 도와준다. 그리고 리프트 체인의 한쪽은 바깥쪽 마스터 스트랩에 고정되고 다른 한쪽은 로드의 상단 가로축의 스프로킷을 지나서 핑거보드에 고정된다.

5 포크(Fork)

L자형 2개로 되어 있으며, 핑거보드에 체결되어 화물을 받쳐 드는 부분이다. 포크의 간격은 팔레트 폭의 1/2~3/4 정도가 좋다.

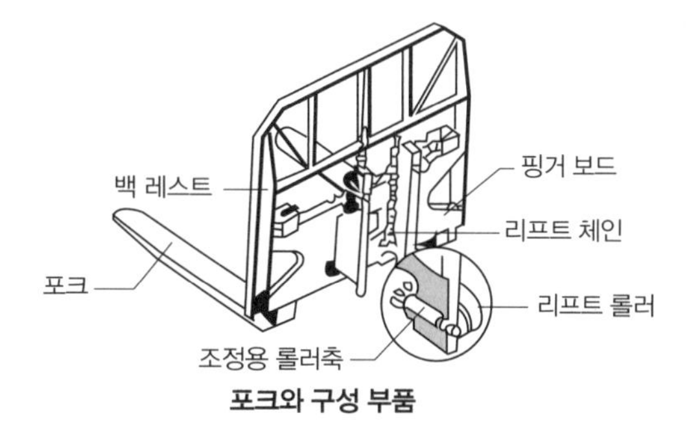

포크와 구성 부품

6 포크 가이드

포크를 이용하여 다른 화물을 이동할 목적으로 사용하기 위해서 필요한 것이다.

7 조작레버

(1) 리프트 레버(Lift lever)의 작동

① 포크를 상승시킬 때 : 리프트 레버를 당기면 유압유가 리프트 실린더에 압송되므로 피스톤 로드가 팽창되어 포크가 상승한다. 포크에 중량물을 탑재한 경우에는 왼발로 인칭페달을 밟고, 오른발로 가속페달을 밟으면서 리프트 레버를 당긴다.

② 포크를 하강시킬 때 : 리프트 레버를 밀면 리프트 실린더 아래쪽 방의 유압유는 탱크로 복귀하며 포크와 화물의 자체중량에 의해 내려간다.

(2) 틸트 레버(Tilt lever)의 작동

① 마스트를 앞으로 기울일 때(전경) : 틸트 레버를 앞으로 밀면 피스톤 로드가 팽창하면서 마스트가 앞으로 기울어진다.

② 마스트를 뒤로 기울일 때(후경) : 틸트 레버를 뒤로 당기면 피스톤 로드가 수축되면서 마스트가 뒤로 기울어진다.

01 기관본체 구조와 기능

1 기관의 개요

(1) 기관(Engine)의 정의

기관(열기관)이란 열에너지를 기계적 에너지로 변환시키는 장치이다.

(2) 4행정 사이클 디젤기관의 작동과정

① 피스톤이 흡입→압축→동력(폭발)→배기의 4행정을 할 때, 크랭크축은 2회전 하여 1사이클을 완성한다.

② 피스톤 행정이란 피스톤이 상사점(TDC)에서 하사점(BDC) 또는 하사점에서 상사점으로 이동한 거리이다.

2 기관의 본체

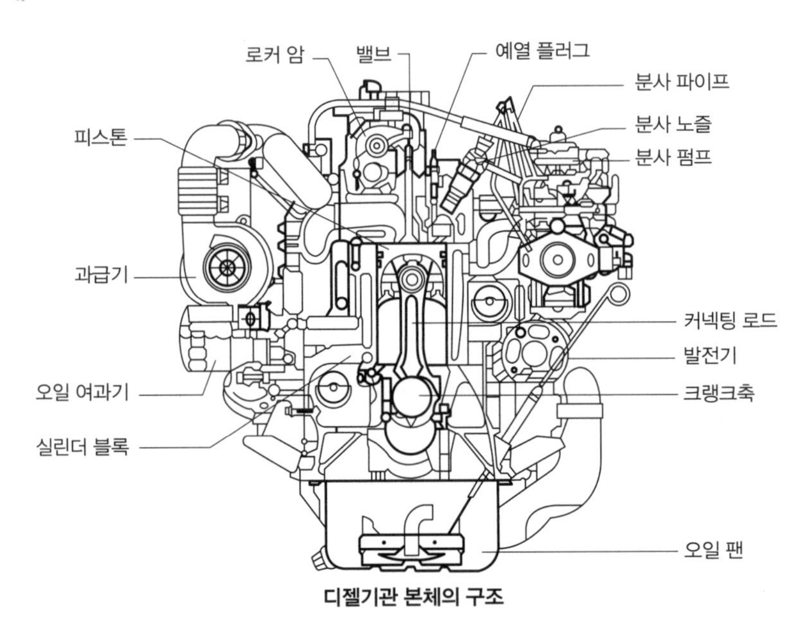

디젤기관 본체의 구조

(1) 실린더 헤드(Cylinder head)

① 실린더 헤드의 구조 : 헤드 개스킷을 사이에 두고 실린더 블록에 볼트로 설치되며 피스톤, 실린더와 함께 연소실을 형성한다.

② 디젤기관의 연소실 : 연소실의 종류에는 단실식인 직접분사실식과 복실식인 예연소실식, 와류실식, 공기실식 등이 있다.

③ 헤드 개스킷(Head gasket) : 실린더 헤드와 블록 사이에 삽입하여 압축과 폭발가스의 기밀을 유지하고 냉각수와 기관오일의 누출을 방지한다.

(2) 실린더 블록(Cylinder block)

일체형 실린더

① 실린더 블록과 같은 재질로 실린더를 일체로 제작한 형식이다.

② 부품수가 적고 무게가 가벼우며, 강성 및 강도가 크고, 냉각수 누출 우려가 적다.

실린더 라이너(Cylinder liner)

실린더 블록과 라이너(실린더)를 별도로 제작한 후 라이너를 실린더 블록에 끼우는 형식으로, 습식(라이너 바깥둘레가 냉각수와 직접 접촉함)과 건식이 있다.

(3) 피스톤(Piston)

피스톤의 구비조건

① 중량이 작고, 고온·고압가스에 견딜 수 있을 것

② 블로바이(Blow by)가 없을 것

③ 열전도율이 크고, 열팽창률이 적을 것

피스톤 간극

① 피스톤 간극이 작을 때의 영향

기관 작동 중 열팽창으로 인해 실린더와 피스톤 사이에서 고착(소결)이 발생한다.

② 피스톤 간극이 클 때의 영향

- 기관 시동 성능 및 출력이 저하한다.
- 피스톤 링의 기능 저하로 기관오일이 연소실에 유입되어 소비가 많아진다.
- 연료가 기관오일에 떨어져 희석되어 수명이 단축된다.
- 피스톤 슬랩(Piston slap)이 발생한다.
- 블로바이에 의해 압축압력이 낮아진다.

피스톤 링(Piston ring)

① 피스톤 링의 작용

- 기밀작용(밀봉작용)
- 오일제어 작용(실린더 벽의 오일 긁어내리기 작용)
- 열전도 작용(냉각작용)

② 피스톤 링이 마모되었을 때의 영향 : 기관오일이 연소실로 올라와 연소하며, 배기가스 색깔은 회백색이 된다.

(4) 크랭크축(Crank shaft)

① 피스톤의 직선운동을 회전운동으로 변환시키는 장치이다.

② 메인저널, 크랭크 핀, 크랭크 암, 밸런스 웨이트(평형추) 등으로 되어 있다.

(5) 플라이휠(Fly wheel)

기관의 맥동적인 회전을 관성력을 이용하여 원활한 회전으로 바꾸어준다.

(6) 밸브기구(Valve train)

캠축과 캠(Cam shaft & Cam)

① 크랭크축으로부터 동력을 받아 흡입 및 배기밸브를 개폐시키는 작용을 한다.

② 4행정 사이클 기관의 크랭크축 기어와 캠축 기어의 지름비율은 1:2 이고 회전비율은 2:1 이다.

유압식 밸브 리프터(Hydraulic valve lifter)

기관의 작동온도 변화에 관계없이 밸브간극을 0으로 유지시키는 방식으로 특징은 다음과 같다.

① 밸브간극 조정이 자동으로 조절된다.

② 밸브개폐 시기가 정확하다.

③ 밸브기구의 내구성이 좋다.

④ 밸브기구의 구조가 복잡하다.

흡입 및 배기밸브(Intake & Exhaust valve)

① 밸브의 구비조건

- 열에 대한 저항력이 클 것
- 무게가 가볍고, 열팽창률이 작을 것
- 고온과 고압가스에 잘 견딜 것
- 열전도율이 좋을 것

② 밸브의 구조

- 밸브 헤드(Valve head) : 고온·고압가스에 노출되며, 특히 배기밸브는 열부하가 매우 크다.
- 밸브 페이스(Valve face) : 밸브 시트(Seat)에 밀착되어 연소실 내의 기밀작용을 한다.
- 밸브 스템(Valve stem) : 밸브 가이드 내부를 상하왕복 운동하며 밸브 헤드가 받는 열을 가이드를 통해 방출하고, 밸브의 개폐를 돕는다.
- 밸브 가이드(Valve guide) : 밸브의 상하운동 및 시트와 밀착을 바르게 유지하도록 밸브 스템을 안내한다.
- 밸브 스프링(Valve spring) : 밸브가 닫혀있는 동안 밸브 시트와 밸브 페이스를 밀착시켜 기밀을 유지한다.

③ 밸브간극(Valve clearance)

- 밸브간극이 작으면 밸브가 열려 있는 기간이 길어지므로 실화(Miss fire)가 발생할 수 있다.
- 밸브간극이 너무 크면 정상작동온도에서 밸브가 완전히 열리지 못한다.

02 연료장치 구조와 기능

1 디젤기관 연료장치의 개요

(1) 디젤기관 연료의 구비조건

① 연소속도가 빠르고, 점도가 적당할 것

② 자연발화점이 낮을 것(착화가 쉬울 것)

③ 세탄가가 높고, 발열량이 클 것
④ 카본의 발생이 적을 것
⑤ 온도변화에 따른 점도변화가 적을 것

(2) 연료의 착화성

디젤기관 연료(경유)의 착화성은 세탄가로 표시한다.

(3) 디젤기관의 연소과정

착화지연기간 → 화염전파기간 → 직접연소기간 → 후 연소기간으로 구성된다.

(4) 디젤기관의 노크(Knock or Knocking, 노킹)

착화지연기간이 길 때 연소실에 누적된 연료가 많아 일시에 연소되어 실린더 내의 압력상승이 급격하게 되어 발생하는 현상이다.

2 기계제어 디젤기관 연료장치

(1) 연료탱크(Fuel tank)

연료탱크는 주행 및 작업에 필요한 연료를 저장하는 용기이며, 겨울철에는 공기 중의 수증기가 응축하여 물이 되어 들어가므로 작업 후 연료를 탱크에 가득 채워 두어야 한다.

(2) 연료여과기(Fuel filter)

연료 중의 수분 및 불순물을 걸러주며, 오버플로 밸브, 드레인 플러그, 여과망(엘리먼트), 중심 파이프, 케이스로 구성된다.

(3) 연료공급펌프(Feed pump)

① 연료탱크 내의 연료를 연료여과기를 거쳐 분사펌프의 저압부분으로 공급한다.
② 연료계통의 공기빼기 작업에 사용하는 프라이밍 펌프(Priming pump)가 설치되어 있다.

(4) 분사펌프(Injection pump)

연료공급펌프에서 보내준 저압의 연료를 압축하여 분사순서에 맞추어 고압의 연료를 분사노즐로 압송시키는 것으로 조속기와 타이머가 설치되어 있다.

(5) 분사노즐(Injection nozzle, 인젝터)

① 분사펌프에서 보내온 고압의 연료를 미세한 안개 모양으로 연소실 내에 분사한다.
② 연료분사의 3대 조건은 무화(안개 모양), 분산(분포), 관통력이다.

3 전자제어 디젤기관 연료장치(커먼레일장치)

(1) 전자제어 디젤기관의 연료장치

커먼레일 디젤기관의 연료장치는 연료탱크, 연료여과기, 저압연료펌프, 고압연료펌프, 커먼레일, 인젝터로 구성되어 있다.

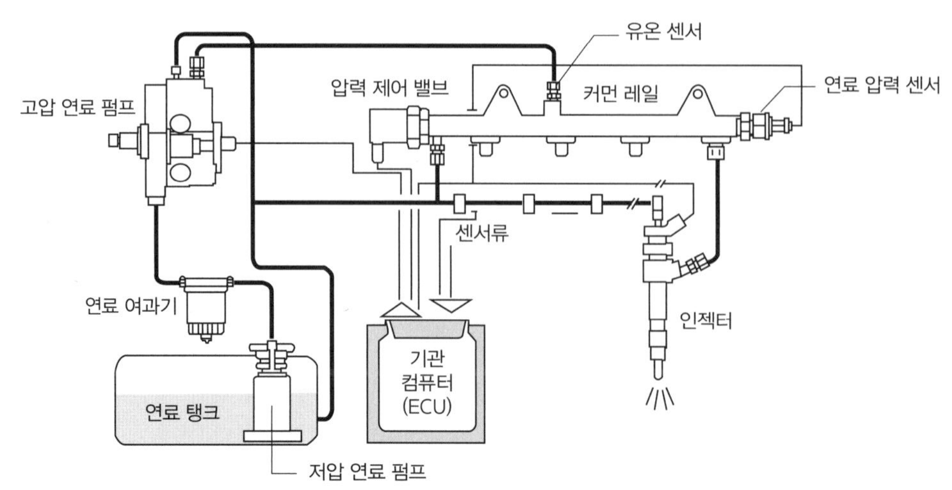

전자제어 디젤기관의 연료장치

(2) ECU(컴퓨터)의 입력요소(각종 센서)

① 공기유량센서(AFS, air flow sensor) : 열막(Hot film)방식을 사용하며, 주요기능은 EGR(배기가스 재순환) 피드백(Feed back) 제어이다. 또 다른 기능은 스모그(Smog) 제한 부스트 압력제어(매연 발생을 감소시키는 제어)이다.

② 흡기온도센서(ATS, air temperature sensor) : 부특성 서미스터를 사용하며, 연료분사량, 분사시기, 시동할 때 연료분사량 제어 등의 보정신호로 사용된다.

③ 연료온도센서(FTS, fuel temperature sensor) : 부특성 서미스터를 사용하며, 연료온도에 따른 연료분사량 보정신호로 사용된다.

④ 수온센서(WTS, water temperature sensor) : 부특성 서미스터를 사용하며, 기관온도에 따른 연료분사량을 증감하는 보정신호로 사용되며, 기관의 온도에 따른 냉각 팬 제어신호로도 사용된다.

⑤ 크랭크축 위치센서(CPS, crank position sensor) : 크랭크축과 일체로 되어 있는 센서 휠(톤 휠)의 돌기를 검출하여 크랭크축의 각도 및 피스톤의 위치, 기관 회전속도 등을 검출한다.

⑥ 가속페달 위치센서(APS, Accelerator sensor) : 운전자가 가속페달을 밟은 정도를 ECU로 전달하는 센서이며, 센서 1에 의해 연료분사량과 분사시기가 결정되고, 센서 2는 센서 1을 감시하는 기능으로 차량의 급출발을 방지하기 위한 것이다.

⑦ 연료압력센서(RPS, rail pressure sensor) : 반도체 피에조 소자(압전소자)를 사용한다. 이 센서의 신호를 받아 ECU는 연료분사량 및 분사시기 조정신호로 사용한다.

(3) ECU(컴퓨터)의 출력요소

① 압력제한밸브 : 커먼레일에 설치되어 커먼레일 내의 연료압력이 규정값보다 높아지면 ECU의 신호에 의해 열려 연료의 일부를 연료탱크로 복귀시킨다.

② 인젝터(Injector) : 인젝터는 고압연료펌프로부터 송출된 연료가 커먼레일을 통하여 인젝터로 공급되며, 연료를 연소실에 직접 분사한다. 인젝터의 점검항목은 저항, 연료분사량, 작동음이다.

③ EGR 밸브 : EGR(배기가스 재순환) 밸브는 기관에서 배출되는 가스 중 질소산화물(NOx) 배출을 억제하기 위한 밸브이다.

03 냉각장치 구조와 기능

1 냉각장치의 개요

기관의 정상작동온도는 실린더 헤드 물재킷 내의 냉각수 온도로 나타내며 약 75~95℃이다.

2 수랭식 기관의 냉각방식

① 기관 내부의 연소를 통해 일어나는 열에너지가 기계적 에너지로 바뀌면서 뜨거워진 기관을 냉각수로 냉각하는 방식이다.

② 자연순환방식, 강제순환방식, 압력순환방식(가압방식), 밀봉압력방식 등이 있다.

3 수랭식의 주요구조와 그 기능

(1) 물재킷(Water jacket)

실린더 헤드 및 블록에 일체구조로 된 냉각수가 순환하는 물 통로이다.

(2) 물펌프(Water pump)

팬벨트를 통하여 크랭크축에 의해 구동되며, 실린더 헤드 및 블록의 물재킷 내로 냉각수를 순환시키는 원심력 펌프이다.

(3) 냉각팬(Cooling fan)

라디에이터를 통하여 공기를 흡입하여 라디에이터 통풍을 도와주며, 냉각팬이 회전할 때 공기가 향하는 방향은 라디에이터이다.

(4) 팬벨트(Fan belt or Drive belt)

크랭크축 풀리, 발전기 풀리, 물펌프 풀리 등을 연결 구동하며, 팬벨트는 각 풀리의 양쪽 경사진 부분에 접촉되어야 한다.

(5) 라디에이터(Radiator, 방열기)

① 라디에이터의 구비조건 : 가볍고 작으며, 강도가 클 것, 단위면적당 방열량이 클 것, 공기 흐름저항이 적을 것, 냉각수 흐름저항이 적을 것

② 라디에이터 캡(Radiator cap) : 냉각장치 내의 비등점(비점)을 높이고, 냉각범위를 넓히기 위하여 압력식 캡을 사용하며, 압력밸브와 진공밸브로 되어 있다.

(6) 수온조절기(Thermostat, 정온기)

실린더 헤드 물재킷 출구부분에 설치되어 냉각수 온도에 따라 냉각수 통로를 개폐하여 기관의 온도를 알맞게 유지한다.

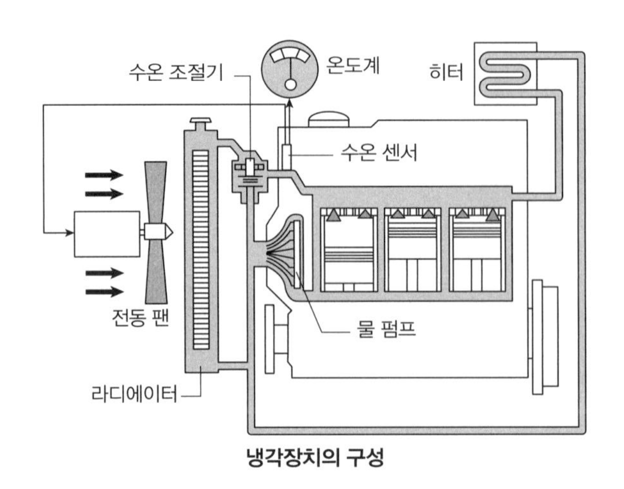

냉각장치의 구성

4 부동액(Anti freezer)

메탄올(알코올), 글리세린, 에틸렌글리콜이 있으며, 에틸렌글리콜을 주로 사용한다.

04 윤활장치 구조와 기능

1 윤활유의 작용과 구비조건

(1) 윤활유의 작용

마찰감소·마멸방지작용, 기밀(밀봉)작용, 열전도(냉각)작용, 세척(청정)작용, 완충(응력분산)작용, 방청(부식방지)작용을 한다.

(2) 윤활유의 구비조건

① 점도지수가 높고, 온도와 점도와의 관계가 적당할 것
② 인화점 및 자연발화점이 높을 것
③ 강인한 유막을 형성할 것
④ 응고점이 낮고 비중과 점도가 적당할 것
⑤ 기포발생 및 카본생성에 대한 저항력이 클 것

2 윤활장치의 구성부품

(1) 오일팬(Oil pan) 또는 아래크랭크케이스

윤활유 저장용기이며, 윤활유의 냉각작용도 한다.

(2) 오일스트레이너(Oil strainer)

오일펌프로 들어가는 윤활유를 유도하며, 철망으로 제작하여 비교적 큰 입자의 불순물을 여과한다.

(3) 오일펌프(Oil pump)

① 오일팬 내의 윤활유를 흡입 가압하여 오일여과기를 거쳐 각 윤활부분으로 공급한다.

② 종류에는 기어펌프, 로터리펌프, 플런저펌프, 베인펌프 등이 있다.

(4) 오일여과기(Oil filter)

① 윤활장치 내를 순환하는 불순물을 제거하며, 윤활유를 교환할 때 함께 교환한다.

② 분류식(By pass filter), 샨트식(Shunt flow filter), 전류식(Full-flow filter)이 있다.

③ 전류식은 오일펌프에서 나온 윤활유 모두가 여과기를 거쳐서 여과된 후 윤활부분으로 공급되며, 오일여과기가 막히는 것에 대비하여 여과기 내에 바이패스 밸브를 둔다.

(5) 유압조절밸브(Oil pressure relief valve)

유압이 과도하게 상승하는 것을 방지하여 유압을 일정하게 유지시킨다.

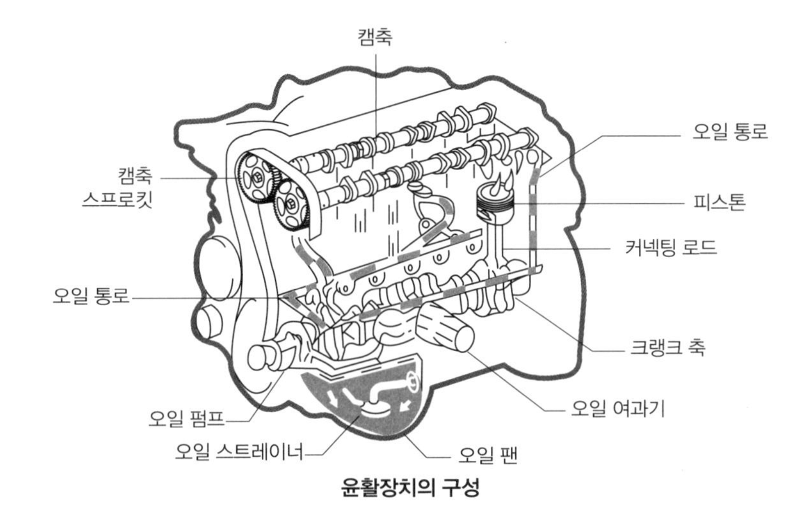

윤활장치의 구성

3 기관 오일량 점검방법

① 건설기계를 평탄한 지면에 주차시킨다.

② 기관을 시동하여 난기운전(워밍업)시킨 후 기관가동을 정지한다.

③ 오일레벨게이지(유면표시기)를 빼어 묻은 오일을 깨끗이 닦은 후 다시 끼운다.

④ 다시 오일레벨게이지(유면표시기)를 빼어 오일이 묻은 부분이 "Full"과 "Low"선의 표시 사이에서 "Full" 가까이에 있으면 된다.

⑤ 기관 오일량을 점검할 때 점도도 함께 점검한다.

05 흡배기장치 구조와 기능

1 공기청정기(Air cleaner)

연소에 필요한 공기를 실린더로 흡입할 때, 먼지 등의 불순물을 여과하여 피스톤 등의 마모를 방지하는 장치이다.

2 과급기(Turbo charger, 터보차저)

① 흡기관과 배기관 사이에 설치되어 기관의 실린더 내에 공기를 압축하여 공급한다.

② 과급기를 설치하면 기관의 중량은 10~15% 정도 증가되고, 출력은 35~45% 정도 증가한다.

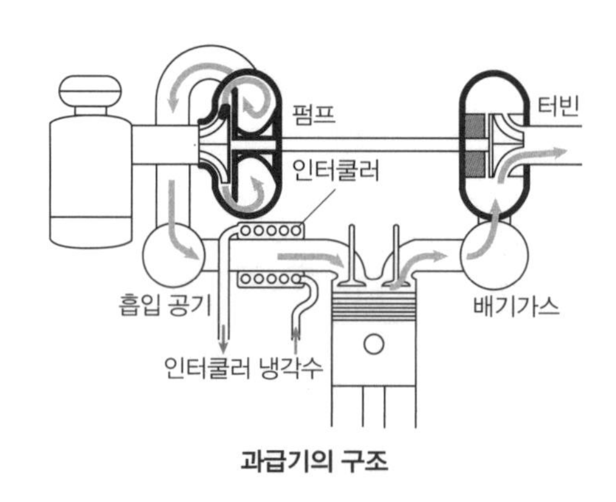

과급기의 구조

제3장 전기장치 익히기

01 시동장치 구조와 기능

1 기초전기

(1) 전기의 개요

① 전류 : 자유전자의 이동이며, 단위는 암페어(A)이다. 발열작용, 화학작용, 자기작용 등 3대 작용을 한다.

② 전압 : 전류를 흐르게 하는 전기적인 압력이며, 단위는 볼트(V)이다.

③ 저항 : 전자의 움직임을 방해하는 요소이다. 단위는 옴(Ω)이며 전선의 저항은 길이가 길어지면 커지고, 지름이 커지면 작아진다.

(2) 옴의 법칙(Ohm' Law)

① 도체에 흐르는 전류(I)는 전압(E)에 정비례하고, 그 도체의 저항(R)에는 반비례한다.

② 도체의 저항은 도체 길이에 비례하고 단면적에 반비례한다.

(3) 접촉저항

접촉저항은 주로 스위치 접점, 배선의 커넥터, 축전지 단자(터미널) 등에서 발생하기 쉽다.

(4) 퓨즈(Fuse)

① 퓨즈는 전기장치에서 과전류에 의한 화재예방을 위해 사용하는 부품이다. 즉 단락(short)으로 인하여 전선이 타거나 과대전류가 부하로 흐르지 않도록 하는 안전장치이다.
② 퓨즈의 재질은 납과 주석의 합금이다.
③ 퓨즈의 용량은 암페어(A)로 표시하며, 회로에 직렬로 연결된다.

2 축전지(Battery)

(1) 축전지의 개요

축전지의 정의

① 전류의 화학작용을 이용하며, 기관을 시동할 때에는 화학적 에너지를 전기적 에너지로 꺼낼 수 있고(방전), 전기적 에너지를 주면 화학적 에너지로 저장(충전)할 수 있다.
② 건설기계 기관 시동용으로 납산 축전지를 사용한다.

축전지의 기능

① 기관을 시동할 때 시동장치 전원을 공급한다(가장 중요한 기능).
② 발전기가 고장일 때 일시적인 전원을 공급한다.
③ 발전기의 출력과 부하의 불균형(언밸런스)을 조정한다.

(2) 납산 축전지의 구조

극판

양극판은 과산화납, 음극판은 해면상납이며 화학적 평형을 고려하여 음극판이 1장 더 많다.

극판군

① 셀(Cell)이라고도 부르며, 완전충전되었을 때 약 2.1V의 기전력이 발생한다.
② 12V 축전지의 경우에는 2.1V의 셀 6개가 직렬로 연결되어 있다.

격리판

양극판과 음극판 사이에 끼워져 양쪽 극판의 단락을 방지하며, 비전도성이어야 한다.

축전지 단자(Terminal) 구별 및 탈·부착 방법

① 양극 단자는 [+], POS, 지름이 굵고, 케이블의 색깔은 적색이다.
② 음극 단자는 [-], NEG, 지름이 가늘고, 케이블의 색깔은 흑색이다.
③ 단자에서 케이블을 분리할 때에는 접지단자([-]단자)의 케이블을 먼저 분리하고, 설치할 때에는 나중에 설치한다.

전해액(Electrolyte)

① 전해액의 비중
- 묽은 황산을 사용하며, 비중은 20℃에서 완전충전되었을 때 1.280이다.
- 전해액은 온도가 상승하면 비중이 작아지고, 온도가 낮아지면 비중은 커진다.
- 전해액의 빙점(어는 온도)은 그 전해액의 비중이 내려감에 따라 높아진다.

② 전해액 만드는 순서
- 용기는 반드시 질그릇 등 절연체인 것을 준비한다.

• 물(증류수)에 황산을 부어서 혼합하도록 한다.

③ 축전지의 설페이션(유화) : 납산 축전지를 오랫동안 방전상태로 방치해 두면 극판이 영구 황산납이 되어 사용하지 못하게 되는 현상이다.

(3) 납산 축전지의 화학작용

① 방전이 진행되면 양극판의 과산화납과 음극판의 해면상납 모두 황산납이 되고, 전해액의 묽은 황산은 물로 변화한다.

② 충전이 진행되면 양극판의 황산납은 과산화납으로, 음극판의 황산납은 해면상납으로 환원되며, 전해액의 물은 묽은 황산으로 되돌아간다.

(4) 납산 축전지의 특성

방전 종지 전압(방전 끝 전압)

① 어느 한도 내에서 단자 전압이 급격히 저하하며 그 이후는 방전능력이 없어지는 전압이다.

② 1셀당 1.75V이며, 12V 축전지의 경우 1.75V×6=10.5V이다.

축전지 용량

① 용량의 단위는 AH[전류(Ampere)×시간(Hour)]로 표시한다.

② 용량의 크기를 결정하는 요소는 극판의 크기, 극판의 수, 전해액(황산)의 양 등이다.

③ 용량표시 방법에는 20시간율, 25암페어율, 냉간율이 있다.

축전지 연결에 따른 용량과 전압의 변화

① 직렬 연결

- 같은 축전지 2개 이상을 [+]단자와 다른 축전지의 [-]단자에 서로 연결하는 방법이다.
- 전압은 연결한 개수만큼 증가되지만 용량은 1개일 때와 같다.

② 병렬 연결

- 같은 축전지 2개 이상을 [+]단자는 다른 축전지의 [+]단자에, [-]단자는 [-]단자에 접속하는 방법이다.
- 용량은 연결한 개수만큼 증가하지만 전압은 1개일 때와 같다.

(5) 납산 축전지의 자기방전

자기방전의 원인

① 구조상 부득이 하다(음극판의 작용물질이 황산과의 화학작용으로 황산납이 되기 때문에).

② 전해액에 포함된 불순물이 국부전지를 구성하기 때문이다.

③ 탈락한 극판 작용물질이 축전지 내부에 퇴적되어 단락되기 때문이다.

④ 축전지 커버와 케이스의 표면에서 전기누설 때문이다.

축전지의 자기방전량

① 전해액의 온도와 비중이 높을수록 자기방전량은 많아진다.

② 날짜가 경과할수록 자기방전량은 많아진다.

③ 충전 후 시간의 경과에 따라 자기방전량의 비율은 점차 낮아진다.

(6) MF축전지(Maintenance Free Battery)

격자를 저(低)안티몬 합금이나 납-칼슘합금을 사용하여 전해액의 감소나 자기방전량을 줄일 수 있는 무정비 축전지이다. 특징은 다음과 같다.

① 자기방전 비율이 매우 낮아 장기간 보관이 가능하다.

② 증류수를 점검하거나 보충하지 않아도 된다.

③ 산소와 수소가스를 다시 증류수로 환원시키는 밀봉촉매 마개를 사용한다.

3 시동장치(Starting system)

(1) 기동전동기의 원리

플레밍의 왼손법칙을 이용한다.

(2) 직권전동기의 특성

① 전기자 코일과 계자코일을 직렬로 접속한다.

② 장점은 기동회전력이 크고, 부하가 증가하면 회전속도가 낮아지고 흐르는 전류가 커진다.

③ 단점은 회전속도 변화가 크다.

(3) 기동전동기의 구조와 기능

전기자 코일 및 철심, 정류자, 계자코일 및 계자철심, 브러시와 브러시 홀더, 피니언, 오버러닝 클러치, 솔레노이드 스위치 등으로 구성된다.

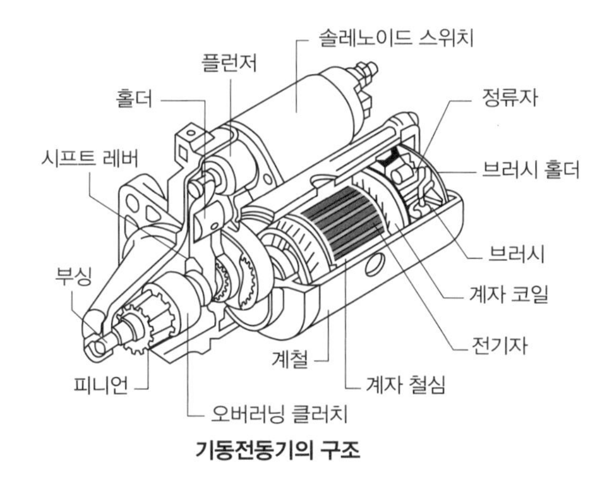

기동전동기의 구조

(4) 기동전동기의 동력전달방식

기동전동기의 피니언을 기관의 플라이휠 링 기어에 물리는 방식에는 벤딕스 방식, 피니언 섭동 방식, 전기자 섭동방식 등이 있다.

4 예열장치(Glow system)

흡기다기관이나 연소실 내의 공기를 미리 가열하여 겨울철에 디젤기관의 시동이 쉽도록 하는 장치이다. 즉, 디젤기관에 흡입된 공기온도를 상승시켜 시동을 원활하게 한다.

(1) 예열플러그(Glow plug)

연소실 내의 압축공기를 직접 예열하며 코일형과 실드형이 있다.

(2) 흡기가열 방식

흡기히터와 히트레인지가 있으며, 직접분사실식에서 사용한다.

02 충전장치 구조와 기능

1 발전기의 원리

건설기계에서는 주로 3상 교류발전기를 사용하며, 플레밍의 오른손법칙을 발전기의 원리로 이용한다.

2 교류(AC) 충전장치

(1) 교류발전기의 특징

① 소형·경량이며, 속도변화에 따른 적용범위가 넓다.
② 저속에서도 충전 가능한 출력전압이 발생한다.
③ 고속회전에 잘 견디고, 출력이 크다.
④ 전압조정기만 필요하며, 브러시 수명이 길다.
⑤ 실리콘 다이오드로 정류하므로 전기적 용량이 크다.
⑥ 다이오드를 사용하기 때문에 정류특성이 좋다.

(2) 교류발전기의 구조

전류를 발생하는 스테이터(Stator), 전류가 흐르면 전자석이 되는(자계를 발생하는) 로터(Rotor), 스테이터 코일에서 발생한 교류를 직류로 정류하는 다이오드, 여자전류를 로터코일에 공급하는 슬립링과 브러시, 엔드 프레임 등으로 구성된 타려자 방식(발전 초기에 축전지 전류를 공급받아 로터철심을 여자시키는 방식)의 발전기이다.

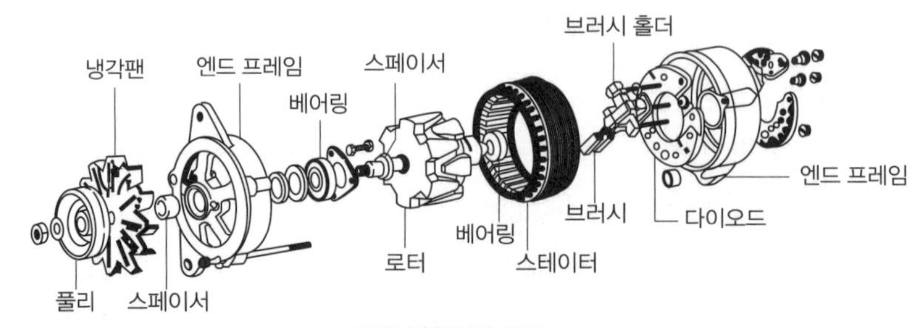

교류 발전기의 구조

03 계기 및 등화장치 구조와 기능

1 전조등(Head light or Head lamp)과 그 회로

(1) 실드 빔형(Shield beam type)

① 반사경에 필라멘트를 붙이고 여기에 렌즈를 녹여 붙인 후 내부에 불활성가스를 넣어 그 자체가 1개의 전구가 되도록 한 방식이다.

② 필라멘트가 끊어지면 렌즈나 반사경에 이상이 없어도 전조등 전체를 교환하여야 한다.

(2) 세미 실드 빔형(Semi shield beam type)

렌즈와 반사경은 녹여 붙였으나 전구는 별개로 설치한 형식으로 필라멘트가 끊어지면 전구만 교환하면 된다. 최근에는 할로겐램프를 주로 사용한다.

(3) 전조등 회로

양쪽의 전조등은 상향등(High beam)과 하향등(Low beam)이 각각 병렬로 접속되어 있다.

2 방향지시등

① 플래셔 유닛은 방향지시등 전구에 흐르는 전류를 일정한 주기로 단속·점멸하여 램프의 광도를 증감시키는 부품이다.

② 방향지시등의 한쪽 등의 점멸이 빠르게 작동하면 가장 먼저 전구(램프)의 단선 유무를 점검한다.

제4장 전·후진 주행장치 익히기

01 조향장치의 구조와 기능

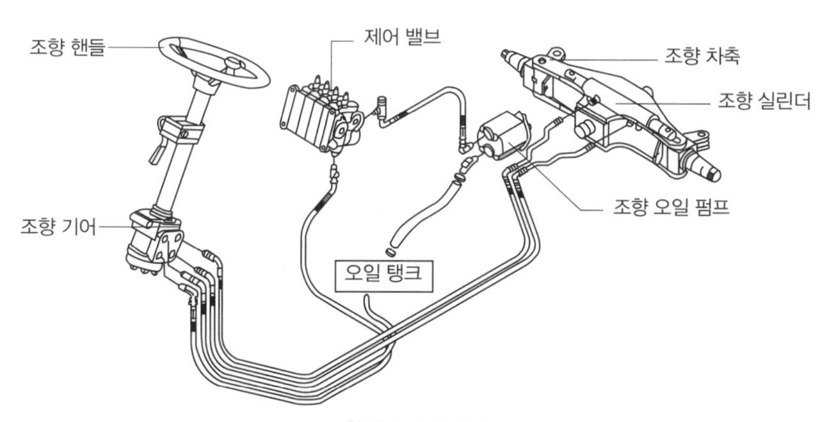

조향장치 구성 부품

① 조향장치는 조향핸들, 조향유닛, 조향실린더, 조향차축 및 파이프로 구성되어 있다.

② 조향핸들을 돌리면 조향조작력은 조향칼럼을 통해 조향유닛으로 전달된다.

③ 필요한 오일의 흐름은 조향유닛의 제어부분에 의해 검출되며, 유압펌프로부터 토출된 유압유는 조향실린더로 공급된다.
④ 조향실린더에서 발생되는 힘은 중간 연결부분을 거쳐 조향바퀴의 너클을 작동시킨다.
⑤ 조향축 몸체는 양끝 부분에 조향너클이 킹핀에 의해 장착된 구조이다.
⑥ 허브와 휠은 베어링을 통해 조향너클 스핀들에 장착되어 있다.

02 변속장치의 구조와 기능

1 토크컨버터(Torque converter)

토크컨버터는 크랭크축(입력 쪽)에 연결된 임펠러(펌프), 변속기 입력축(출력 쪽)에 연결된 터빈과 오일의 흐름방향을 바꾸어 주는 스테이터의 3개 요소로 구성되어 있으며 토크컨버터 내에는 오일로 채워져 있다.

2 자동변속기의 작동

① 토크컨버터는 지게차가 주행을 시작할 때 최대 출력을 낸다. 지게차가 최대 주행속도로 주행할 때에는 높은 회전력은 요구되지 않으므로 출력은 점진적으로 감소한다.
② 기관의 동력은 토크컨버터를 통해 터빈축에서 클러치축으로 전달되고, 전진 및 후진은 유압클러치에 의해 선택된다.
③ 동력은 구동축과 기어를 통해 전진 구동기어에서 하이포이드 피니언의 종동기어로 전달된다. 후진기어의 경우, 동력은 구동축과 기어가 피니언을 역으로 회전시킴으로써 후진축과 기어를 통하여 클러치의 후진구동 기어에서 하이포이드 피니언의 종동기어로 전달된다.

03 동력전달장치 구조와 기능

① 지게차는 전진 1~2단과 후진 1~2단으로 되어 있으며, 토크컨버터, 자동변속기, 종감속기어 및 차동기어장치를 복합한 자동 트랜스 액슬(Automatic trans axle)을 사용한다.
② 2개의 차축은 차동기어장치와 종감속기어에 연결되며 구동바퀴는 종감속기어에 장착된다.
③ 기관 플라이휠로부터의 동력은 토크컨버터를 거쳐 트랜스 액슬의 입력축으로 전달된다.
④ 트랜스 액슬은 스프링 장력에 의해 해제되는 두 쌍의 유압클러치 팩이 내장되어 있으며 전진 1~2단, 후진 1~2단의 기어변속이 가능하다.
⑤ 유압클러치 팩으로부터의 동력은 출력기어와 스파이럴 베벨기어를 통하여 차동기어장치로 전달된다.
⑥ 차동기어장치는 차축을 통하여 동력을 종감속기어와 바퀴로 전달한다.

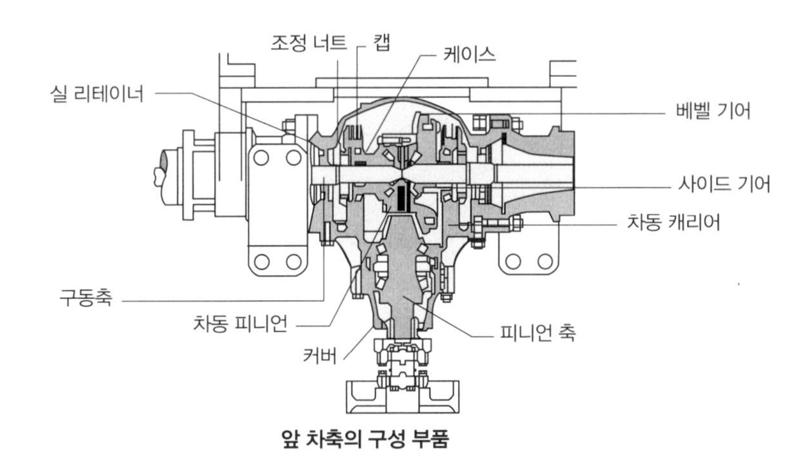

앞 차축의 구성 부품

04 제동장치 구조와 기능

① 지게차에서는 디스크 브레이크를 주 제동용으로 사용한다.

② 작동은 브레이크 페달을 밟으면 마스터 실린더에서 유압이 형성되고, 이 유압이 차축 하우징 내의 피스톤으로 전달된다. 이 피스톤이 디스크에 압력을 가하게 되고, 이로 인해 브레이크가 작동된다.

③ 주차 브레이크는 브레이크 레버를 당기면 브레이크 케이블을 통해 힘이 브레이크로 전달된다.

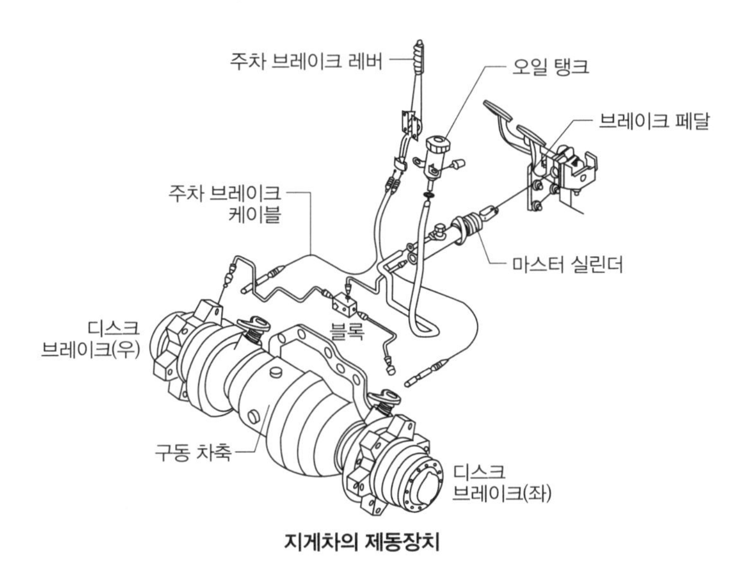

지게차의 제동장치

제5장 유압장치 익히기

01 파스칼의 원리

① 밀폐용기 내의 한 부분에 가해진 압력은 액체 내의 전부분에 같은 압력으로 전달된다.
② 정지된 액체에 접하고 있는 면에 가해진 압력은 그 면에 수직으로 작용한다.
③ 정지된 액체의 한 점에 있어서의 압력의 크기는 전 방향에 대하여 동일하다.

02 유압장치의 장점 및 단점

1 유압장치의 장점

① 작은 동력원으로 큰 힘을 낼 수 있다.
② 과부하 방지가 간단하고 정확하다.
③ 운동방향을 쉽게 변경할 수 있다.
④ 정확한 위치제어가 가능하다.
⑤ 힘의 전달 및 증폭과 연속적 제어가 쉽다.
⑥ 무단변속이 가능하고 작동이 원활하다.
⑦ 원격제어가 가능하고, 속도제어가 쉽다.
⑧ 윤활성, 내마멸성, 방청성이 좋다.
⑨ 에너지 축적이 가능하다.

2 유압장치의 단점

① 유압유 온도의 영향에 따라 정밀한 속도와 제어가 곤란하다.
② 유압유의 온도에 따라서 점도가 변하므로 기계의 속도가 변한다.
③ 회로구성이 어렵고 누설되는 경우가 있다.
④ 유압유는 가연성이 있어 화재에 위험하다.
⑤ 폐유에 의해 주변 환경이 오염될 수 있다.
⑥ 에너지의 손실이 크고, 관로를 연결하는 곳에서 유압유가 누출될 우려가 있다.
⑦ 고압 사용으로 인한 위험성 및 이물질에 민감하다.
⑧ 구조가 복잡하므로 고장원인의 발견이 어렵다.

03 유압유(작동유)

1 유압유의 점도

점도는 점성의 정도를 나타내는 척도이다. 유압유의 점도는 온도가 상승하면 저하되고, 온도가 내려가면 높아진다.

2 유압유의 구비조건

① 내열성이 크고, 인화점 및 발화점이 높을 것
② 점성과 적절한 유동성이 있을 것
③ 점도지수 및 체적탄성계수가 클 것
④ 압축성, 밀도, 열팽창계수가 작을 것
⑤ 화학적 안정성(산화 안정성)이 클 것
⑥ 기포분리 성능(소포성)이 클 것

3 유압유 열화 판정방법

① 자극적인 악취유무로 확인(냄새로 확인)한다.
② 수분이나 침전물의 유무로 확인한다.
③ 점도상태 및 색깔의 변화를 확인한다.
④ 흔들었을 때 생기는 거품이 없어지는 양상을 확인한다.
⑤ 유압유 교환을 판단하는 조건은 점도의 변화, 색깔의 변화, 수분의 함유 여부이다.

4 유압유의 온도

유압유의 정상작동 온도범위는 40~80℃ 정도이다.

04 유압장치의 구조와 기능

기본 구성요소는 유압구동장치(기관 또는 전동기), 유압발생장치(유압펌프), 유압제어장치(유압제어밸브)이다.

1 오일탱크(Hydraulic oil tank)

유압유를 저장하는 장치이며, 주입구 캡, 유면계(오일탱크 내의 오일량 표시), 격판(배플), 스트레이너, 드레인 플러그 등으로 구성되어 있다.

2 유압펌프(Hydraulic pump)

① 원동기(내연기관, 전동기 등)로부터의 기계적인 에너지를 이용하여 유압유에 압력 에너지를 부여해 주는 장치이다.
② 종류에는 기어펌프, 베인펌프, 피스톤(플런저)펌프, 나사펌프, 트로코이드 펌프 등이 있다.

3 제어밸브(Control valve)

(1) 압력제어밸브(Pressure control valve)

① 일의 크기를 결정하며, 유압장치의 유압을 일정하게 유지하고 최고 압력을 제한한다.

② 종류에는 릴리프밸브, 감압(리듀싱)밸브, 시퀀스밸브, 무부하(언로드)밸브, 카운터 밸런스 밸브 등이 있다.

(2) 유량제어밸브(Flow control valve)

① 액추에이터의 운동속도를 결정한다.

② 종류에는 속도제어밸브, 급속배기밸브, 분류밸브, 니들밸브, 오리피스밸브, 교축밸브(스로틀밸브), 스톱밸브, 스로틀체크밸브 등이 있다.

(3) 방향제어밸브(Direction control valve)

① 유압유의 흐름방향을 결정한다. 즉, 액추에이터의 작동방향을 바꾸는 데 사용한다.

② 종류에는 스풀밸브, 체크밸브, 셔틀밸브 등이 있다.

4 액추에이터(Actuator)

유압펌프에서 송출된 에너지를 직선운동(유압실린더)이나 회전운동(유압모터)을 통하여 기계적 일을 하는 장치이다.

(1) 유압 실린더(Hydraulic cylinder)

① 실린더, 피스톤, 피스톤 로드로 구성되며 직선왕복운동을 한다.

② 종류에는 단동실린더, 복동실린더(싱글로드형과 더블로드형), 다단실린더, 램형실린더가 있다.

③ 지지방식에는 푸트형, 플랜지형, 트러니언형, 클레비스형이 있다.

(2) 유압모터(Hydraulic motor)

① 유압 에너지에 의해 연속적으로 회전운동하여 기계적인 일을 하는 장치이다.

② 종류에는 기어모터, 베인모터, 플런저모터가 있다.

5 그 밖의 유압장치

(1) 어큐뮬레이터(축압기, Accumulator)

유압펌프에서 발생한 유압을 저장하고, 맥동을 소멸시키고 유압 에너지의 저장, 충격흡수 등에 이용되는 기구이다.

(2) 오일냉각기(Oil cooler)

① 오일량은 정상인데 유압유가 과열하면 가장 먼저 오일냉각기를 점검한다.

② 구비조건은 촉매작용이 없을 것, 유압유 흐름 저항이 작을 것, 온도조정이 잘 될 것, 정비 및 청소하기가 편리할 것 등이다.

(3) 유압호스

플렉시블 호스를 사용하며, 이 호스는 내구성이 강하고 작동 및 움직임이 있는 곳에서 사용한다.

(4) 오일 실(Oil seal)

유압장치에서 유압유의 누유를 방지하는 부품이며, 유압유가 누출되면 가장 먼저 오일 실(Oil seal)을 점검한다.

05 유압회로 및 유압기호

1 유압의 기본회로

유압의 기본회로에는 오픈(개방)회로, 클로즈(밀폐)회로, 병렬회로, 직렬회로, 탠덤회로 등이 있다.

2 속도제어회로

유량제어를 통하여 작업속도를 조절하는 방식에는 미터인 회로, 미터 아웃 회로, 블리드 오프 회로, 카운터 밸런스 회로 등이 있다.

3 유압기호

명칭	기호	명칭	기호
정용량형 유압 펌프	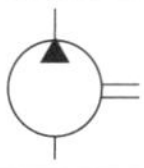	압력 스위치	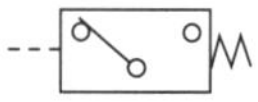
가변용량형 유압 펌프		단동 실린더	
복동 실린더	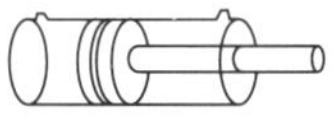	릴리프 밸브	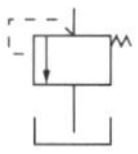
무부하 밸브	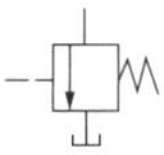	체크 밸브	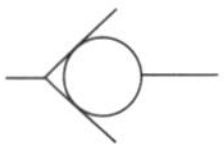
축압기(어큐뮬레이터)		공기·유압 변환기	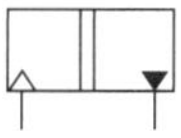
압력계		오일탱크	
유압 동력원		오일 여과기	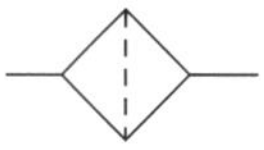
정용량형 펌프·모터	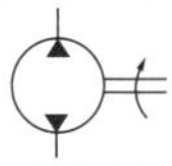	회전형 전기 액추에이터	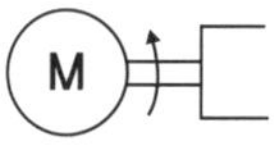 M
가변용량형 유압 모터	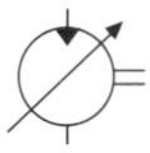	솔레노이드 조작 방식	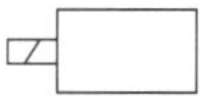
간접 조작 방식	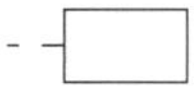	레버 조작 방식	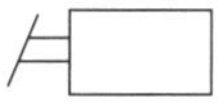
기계 조작 방식	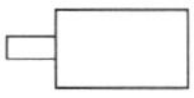	복동 실린더 양로드형	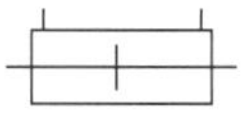
드레인 배출기	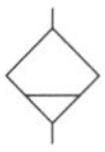	전자·유압 파일럿	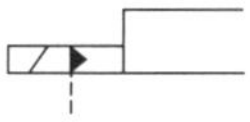

제2편 작업 전 점검

제1장 외관점검

01 타이어 공기압 및 손상 점검

1 타이어의 점검

(1) 타이어의 역할

① 지게차의 하중을 지지한다.

② 지게차의 동력과 제동력을 전달한다.

③ 노면에서의 충격을 흡수한다.

(2) 타이어의 마모 한계

마모가 심한 타이어는 빗길 운전에서 수막현상 발생비율이 높아져 사고의 위험이 높다. 타이어의 ▲형이 표시된 부분을 보면 홈 속에 돌출된 부분이 마모 한계 표시이다.

2 작업 전 점검사항

① 팬벨트 장력을 점검한다.

② 공기청정기를 점검한다.

③ 그리스 주입상태를 점검한다.

④ 후진 경보장치를 점검한다.

⑤ 룸 미러를 점검한다.

⑥ 전조등 점등여부를 점검한다.

⑦ 후미등 점등여부를 점검한다.

02 제동장치 및 조향장치 점검

1 제동장치 점검

① 포크를 지면으로부터 20cm 들어 올린다.

② 브레이크 페달을 밟은 상태로 전·후진레버를 전진에 넣는다.

③ 주차 브레이크를 해제한다.

④ 브레이크 페달에서 발을 떼고 가속페달을 서서히 밟는다.

⑤ 브레이크 페달을 밟아 제동이 되면 제동장치는 정상이다.

2 조향장치 점검

조향핸들을 조작하여 유격상태를 점검하고 조향핸들에 이상진동이 느껴지는지 확인한다. 조향핸들을 조작할 때 조향비율 및 조작력에 큰 차이가 느껴진다면 점검이 필요하다.

03 기관시동 전·후 점검

① 기관이 공회전할 때 이상한 소음이 발생하는지 점검한다.
② 흡입 및 배기밸브 간극 및 밸브기구 불량으로 이상한 소음이 발생하는지 점검한다.
③ 기관 내·외부 각종 베어링의 불량으로 이상한 소음이 발생하는지 점검한다.
④ 발전기 및 물펌프 구동벨트의 불량으로 이상한 소음이 발생하는지 점검한다.
⑤ 배기계통 불량으로 이상한 소음이 발생하는지 점검한다.

제2장 누유·누수 확인

01 기관오일의 누유 점검

기관에서 누유된 부분이 있는지 육안으로 확인한다. 주기된 지게차의 지면을 확인하여 기관오일의 누유 흔적을 확인한다.

02 유압 실린더 누유 점검

(1) 유압장치의 정상작동을 위해 각 실린더 및 유압호스의 누유 상태를 점검한다.

유압펌프 배관 및 호스와의 이음부분의 누유, 제어밸브의 누유, 리프트 실린더 및 틸트 실린더의 누유를 확인한다. 유압유 양을 확인하여 부족하면 유압유를 보충한다.

(2) 유압유 유면표시기

① 유압유 유면표시기는 유압유 탱크 내의 유압유 양을 점검할 때 사용되는 표시기이다.
② 유면표시기에는 아래쪽에 L(Low or Min), 위쪽에 F(Full or Max)의 눈금이 표시되어 있다.
③ 유압유 양이 유면표시기의 L과 F 중간에 위치하고 있으면 정상이다.

제3장 계기판 및 등화장치 점검

① 기관오일 압력경고등 점검
② 냉각수 온도계 점검
③ 연료계 점검
④ 방향지시등 및 전조등 점검
⑤ 아워미터(Hour meter, 시간계) 점검

제4장 지게차 난기운전

난기운전이란, 작업 전 유압유 온도를 최소 20~27℃ 이상이 되도록 상승시키는 운전이다.
① 기관을 시동 후 5분 정도 공회전시킨다.
② 가속페달을 서서히 밟으면서 리프트 실린더를 최고 높이까지 상승시킨다.
③ 가속페달에서 발을 떼고 리프트 실린더를 하강시킨다.
④ ②와 ③을 3~4회 정도 실시한다(동절기에는 횟수를 증가해서 실시한다).
⑤ 가속페달을 서서히 밟으면서 틸트 실린더를 후경시킨다.
⑥ 가속페달을 서서히 밟으면서 틸트 실린더를 전경시킨다.
⑦ ⑤와 ⑥을 3~4회 정도 실시한다(동절기에는 횟수를 증가해서 실시한다).

제3편 화물적재 및 하역작업

제1장 화물의 무게중심 확인

01 팔레트(Pallet)

지게차용 팔레트는 목재, 철제, 알루미늄, 플라스틱, 하드보드 등 화물의 사용목적에 따라 장·단점을 검토하여 적재, 운반, 하역을 할 때 작업이 쉽도록 제작되고 사용자가 선택하여 사용하는 포장방법이다.

02 팔레트에 포크를 삽입하는 방법

① 적재하고자 하는 화물의 바로 앞에 도달하면 안전한 속도로 감속한다.
② 화물 앞에 가까이 갔을 때에는 일단 정지하여 마스트를 수직으로 한다.
③ 포크의 간격(폭)은 컨테이너 및 팔레트 폭의 1/2 이상 3/4 이하 정도로 유지하여 적재하여야 한다.

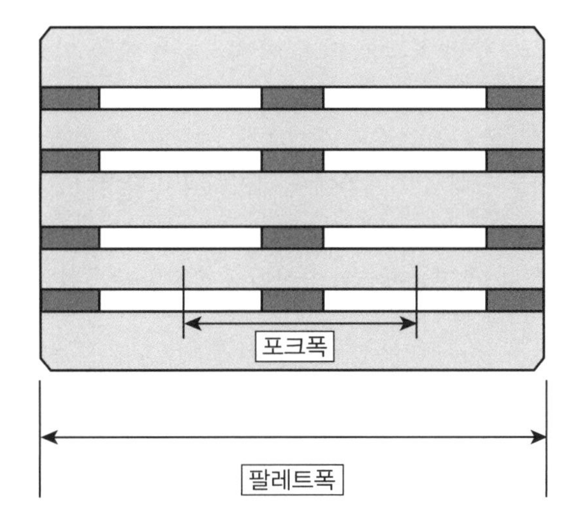

포크 폭 간격

④ 팔레트에 포크를 꽂아 넣을 때에는 지게차를 화물에 대해 똑바로 향하고, 포크의 삽입위치를 확인한 후에 천천히 포크를 넣는다.
⑤ 단위포장 화물은 화물의 무게 중심에 따라 포크 폭을 조정하고 천천히 포크를 완전히 넣는다.
⑥ 지면으로부터 화물을 들어 올릴 때에는 다음과 같은 순서에 따라 작업을 실시한다.

- 일단 포크를 지면으로부터 5~10cm 들어 올린 후에 화물의 안정 상태와 포크에 대한 편하중이 없는지 등을 확인한다.
- 이상이 없음을 확인한 후에 마스트를 충분히 뒤로 기울이고, 포크를 지면으로부터 약 20~30cm의 높이를 유지한 상태에서 약간 후진을 하면서 브레이크 페달을 밟았을 때 화물의 내용물에 동하중이 발생되는지를 확인한다.
- 적재 후 마스트를 지면에 내려놓은 후 반드시 화물의 적재상태의 이상유무를 확인한 후 포크를 지면으로부터 약 20~30cm의 높이를 유지한 상태로 주행한다.

제2장 화물 하역작업

① 하역하는 장소의 바로 앞에 오면 안전한 주행속도로 감속한다.
② 하역하는 장소의 앞에 접근하였을 때에는 일단 정지한다.
③ 하역하는 장소에 화물의 붕괴, 파손 등의 위험이 없는지 확인한다.
④ 마스트를 수직으로 하고 포크를 수평으로 한 후, 내려놓을 위치보다 약간 높은 위치까지 올린다.
⑤ 내려놓을 위치를 잘 확인한 후, 천천히 전진하여 예정된 위치에 내린다.
⑥ 천천히 후진하여 포크를 10~20cm 정도 빼내고, 다시 약간 들어 올려 안전하고 올바른 하역위치까지 밀어 넣고 내려야 한다.
⑦ 팔레트 또는 스키드로부터 포크를 빼낼 때에도 넣을 때와 마찬가지로 접촉 또는 비틀리지 않도록 조작한다.
⑧ 하역하는 경우에 포크를 완전히 올린 상태에서는 마스트 앞뒤 작동을 거칠게 조작하지 않는다.
⑨ 하역하는 상태에서는 절대로 지게차에서 내리거나 이탈하여서는 안 된다.
⑩ 주행할 때 앞뒤 안정도는 4%, 좌우 안정도는 6% 이내이며 마스트는 앞뒤 작동이 5~12%이므로 마스트를 작동할 때 변동하중이 가산됨을 숙지하여야 한다.

제4편 화물 운반작업 및 운전시야 확보

제1장 화물 운반작업

01 전·후진 주행방법

1 주행자세

기관을 시동한 후 난기운전이 완료되면 포크가 지면에서 약 20~30cm 정도가 되도록 리프트 레버를 뒤로 당긴 후 틸트 레버를 뒤로 당겨 마스트를 4~6° 정도 기울인다.

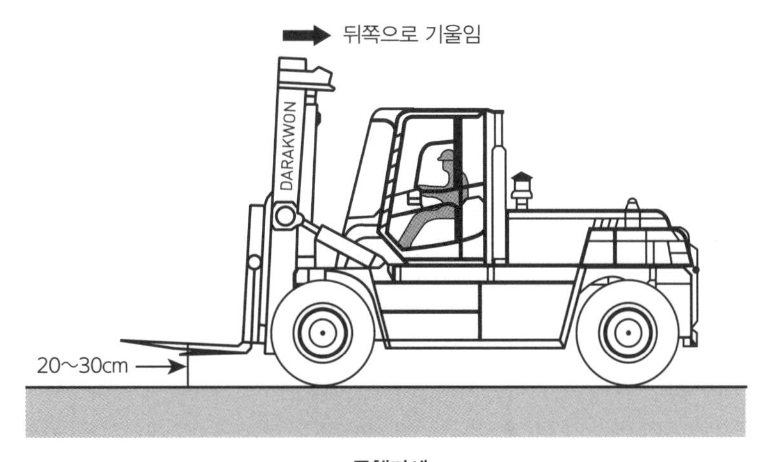

주행자세

2 전·후진 레버 조작방법

① 전·후진 레버를 중립(N)위치에서 앞쪽으로 밀면 전진(F)이 선택되고, 뒤쪽으로 당기면 후진(R)이 선택되며, 전·후진 레버를 앞뒤로 돌리면 주행속도를 1~3단으로 조정할 수 있다.

② 적재작업을 할 때에는 1~2단으로 한다.

③ 주행 중 전·후진 레버에 의한 급격한 감속은 피하고 브레이크 페달을 이용하여 감속한다.

3 지게차 출발방법

① 안전띠와 안전모를 착용한다.

② 브레이크 페달을 밟고, 주차 브레이크를 해제한다.

③ 브레이크 페달을 밟은 상태에서 전·후진 레버를 전진 또는 후진의 위치로 한 후 브레이크 페달을 놓고 가속페달을 가볍게 밟으면서 출발한다.

4 전·후진 전환방법

① 지게차를 정지시킨 후 전·후진 전환을 한다.
② 전·후진 레버를 전진 또는 후진의 원하는 위치로 전환한다.
③ 전·후진을 전환할 때에는 전환방향의 안전을 확인한다.
④ 고속에서 전·후진 방향의 전환을 피한다.
⑤ 전·후진 레버를 앞으로 밀거나 뒤로 당김으로써 전진, 중립, 후진을 선택할 수 있다.

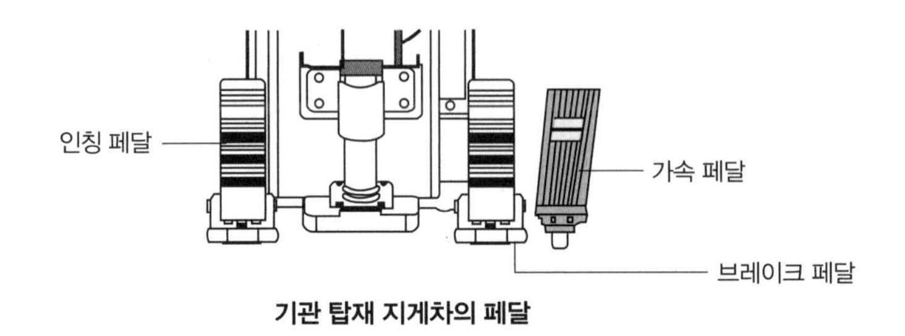

기관 탑재 지게차의 페달

5 지게차의 선회방법

① 조향핸들을 회전하고자 하는 방향으로 돌리면 지게차가 회전한다.
② 지게차는 조향실린더에 의해 좌·우로 각각 52°씩 회전한다.
③ 고속에서의 급회전 및 경사지에서의 회전을 피한다.
④ 주행 중 기관의 가동이 정지하면 조향핸들이 움직이지 않으므로 전복 위험이 있다.

6 주행 중 주의사항

① 주행 중 계기판의 경고등이 점등되면 지게차를 정지시킨 후 전·후진 레버를 중립으로 하고, 기관을 공회전시킨 다음 정지시키고, 그 다음 문제점을 해결한다.
② 작업 중 지게차에 부하가 급격히 떨어지면 지게차 주행속도가 빨라지므로 주의한다.
③ 울퉁불퉁한 길에서는 안전을 고려하여 저속으로 주행한다.
④ 30분 이상 주행을 할 때에는 10분 동안 정차상태에서 휴식을 취한다. 과도한 연속주행은 브레이크 및 타이어 발열을 유발하여 해당 부품의 내구 수명을 단축할 수 있다.

02 화물 운반작업

1 유도자의 수신호

지게차로 작업할 때, 근로자에게 위험이 미칠 우려가 있는 경우, 운전 중인 지게차에 접촉되어 근로자가 부딪칠 위험이 있는 장소, 지반의 부동침하 및 갓길 붕괴 위험이 있을 경우, 근로자를 출입시키는 경우에는 유도자를 배치하여야 한다.

2 출입구 확인

① 차폭과 입구의 폭을 확인하도록 한다.
② 부득이 포크를 올려서 출입하는 경우에는 출입구 높이에 주의한다.
③ 얼굴 및 손이나 발을 차체의 밖으로 내밀지 않도록 한다.
④ 반드시 주위 안전상태를 확인한 후 출입하여야 한다.

제2장 운전시야 확보

01 운전시야 확보

① 제한속도는 화물의 종류와 지면의 상태에 따라서 운전자가 반드시 준수하여야 한다.
② 운행통로를 확인하여 장애물을 제거하고 주행동선을 확인한다.
③ 작업장 내 안전표지판은 목적에 맞는 표지판이 정위치에 설치되어 있는지 확인한다.
④ 지게차는 조종사 앞쪽에서 화물 적재작업이 주목적이기 때문에 적재 후 이동할 때 통로의 확인 및 하역할 때 하역장소에 대한 사전답사가 반드시 필요하다.

02 지게차 및 주변상태 확인

① 동력전달장치의 이상소음 여부를 확인한다.
② 조향핸들의 유격이 정상인지 상하좌우 및 앞뒤로 덜컹거림의 발생 여부를 확인한다.
③ 주차 브레이크 레버를 완전히 당긴 상태에서 여유를 확인하고 평탄한 노면에서 저속으로 주행한다.
④ 주행할 때 레버 작동으로 브레이크 작동상태 및 소음발생 여부를 확인한다.
⑤ 브레이크 페달의 여유 및 페달을 밟았을 때 페달과 바닥판의 간격 유무를 확인한다.
⑥ 마스트 고정 핀(Foot pin)과 부싱, 가이드 및 롤러 베어링, 리프트 실린더 연결핀과 부싱, 브래킷 및 연결부분, 리프트 체인 마모 및 좌우 균형상태, 마스트를 올림 상태에서 정지시켰을 때 자체하강이 없는지(실린더 내 피스톤 실 누유상태 확인) 등을 점검한다.

제5편 도로주행 및 건설기계관리법

제1장 교통법규 준수

01 도로교통법의 목적

도로에서 일어나는 교통상의 모든 위험과 장해를 방지하고 제거하여 안전하고 원활한 교통을 확보함을 목적으로 한다.

02 안전표지의 종류

주의표지, 규제표지, 지시표지, 보조표지, 노면표시 등이 있다.

※ p.175~177 참고

03 이상 기후일 경우의 운행속도

도로의 상태	감속운행속도
• 비가 내려 노면에 습기가 있는 때 • 눈이 20mm 미만 쌓인 때	최고속도의 20/100
• 폭우·폭설·안개 등으로 가시거리가 100m 이내인 때 • 노면이 얼어붙는 때 • 눈이 20mm 이상 쌓인 때	최고속도의 50/100

04 앞지르기 금지장소

교차로, 도로의 구부러진 곳, 비탈길의 고갯마루 부근, 가파른 비탈길의 내리막, 터널 안, 다리 위 등이다.

05 주차 및 정차 금지장소

① 화재경보기로부터 3m 이내의 곳

② 교차로의 가장자리 또는 도로의 모퉁이로부터 5m 이내의 곳

③ 횡단보도로부터 10m 이내의 곳

④ 버스여객 자동차의 정류소를 표시하는 기둥이나 판 또는 선이 설치된 곳으로부터 10m 이내의 곳

⑤ 건널목의 가장자리로부터 10m 이내의 곳
⑥ 안전지대가 설치된 도로에서 그 안전지대의 사방으로부터 각각 10m 이내의 곳

- **모든 고속도로에서 건설기계의 최고속도는 80km/h, 최저속도는 50km/h이다.**
- **지정·고시한 노선 또는 구간의 고속도로에서 건설기계의 최고속도는 90km/h 이내, 최저속도는 50km/h이다.**

06 교통사고 발생 후 벌점

① 사망 1명마다 90점(사고발생으로부터 72시간 내에 사망한 때)
② 중상 1명마다 15점(3주 이상의 치료를 요하는 의사의 진단이 있는 사고)
③ 경상 1명마다 5점(3주 미만 5일 이상의 치료를 요하는 의사의 진단이 있는 사고)
④ 부상신고 1명마다 2점(5일 미만의 치료를 요하는 의사의 진단이 있는 사고)

제2장 안전운전 준수

01 차량 사이의 안전거리 확보

① 모든 차의 운전자는 같은 방향으로 가고 있는 앞차의 뒤를 따르는 때에는 앞차가 갑자기 정지하게 되는 경우 그 앞차와의 충돌을 피할 수 있는 필요 거리를 확보하여야 한다.
② 모든 차의 운전자는 차의 진로를 변경하고자 하는 경우에 그 변경하고자 하는 방향으로 오고 있는 다른 차의 정상적인 통행에 장애를 줄 우려가 있는 때에는 진로를 변경하여서는 아니 된다.
③ 모든 차의 운전자는 위험 방지를 위한 경우와 그 밖의 부득이한 경우가 아니면 운전하는 차를 갑자기 정지시키거나 속도를 줄이는 등의 급제동을 하여서는 아니 된다.

02 철길 건널목 통과방법

1 철길 건널목 통과 방법

① 건널목 앞에서는 일시정지하여 안전을 확인한 후 통과하여야 한다.
② 신호등이 표시하는 신호에 따르는 경우에는 정지하지 않고 통과할 수 있다.
③ 차단기가 내려져 있거나 내려지려고 할 때 또는 건널목의 경보기가 울리고 있는 동안에는 그 건널목으로 들어가서는 아니 된다.

2 철길 건널목에서 차량이 고장났을 때 조치사항

① 즉시 승객을 대피시키고 비상 신호기를 이용하거나 그 밖의 방법으로 철도 공무원 또는 경찰 공무원에게 알린다.
② 차량을 건널목 이외의 장소로 이동시킨다.

03 도로를 주행할 때 보행자 보호 및 양보운전

① 보행자는 보도와 차도가 구분된 도로에서는 보도로 통행하고, 그 구분이 없는 도로에서는 도로의 좌측 또는 길 가장자리 구역으로 통행하여야 한다.

② 보행자를 위한 보호운전을 한다.

③ 교통정리가 없는 교차로에서의 양보운전을 한다.

④ 서행하여야 하는 장소

- 교통정리가 행하여지고 있지 아니하는 교차로
- 도로가 구부러진 부근, 비탈길의 고갯마루 부근, 가파른 비탈길의 내리막
- 지방경찰청장이 안전표지에 의하여 지정한 곳

⑤ 안전거리 확보

- 앞차의 뒤를 따르는 때에는 앞차가 갑자기 정지하게 되는 경우 앞차와의 충돌을 피할 수 있는 필요한 거리를 확보하여야 한다.
- 차의 진로를 변경하고자 하는 경우에 다른 차의 정상적인 통행에 장애를 줄 우려가 있는 때에는 진로를 변경하여서는 아니 된다.
- 운전하는 차를 갑자기 정지시키거나 속도를 줄이는 등의 급제동을 하여서는 아니 된다.

제3장 건설기계관리법

01 건설기계관리법의 목적

건설기계의 등록·검사·형식승인 및 건설기계사업과 건설기계 조종사 면허 등에 관한 사항을 정하여 건설기계를 효율적으로 관리하고 건설기계의 안전도를 확보하여 건설공사의 기계화를 촉진함을 목적으로 한다.

02 건설기계 사업

대여업, 정비업, 매매업, 해체재활용업 등이 있으며, 건설기계 사업을 영위하고자 하는 자는 시장·군수 또는 구청장에게 등록하여야 한다.

03 건설기계의 신규 등록

1 건설기계를 등록할 때 필요한 서류

① 건설기계의 출처를 증명하는 서류(건설기계 제작증, 수입면장, 매수증서)

② 건설기계의 소유자임을 증명하는 서류

③ 건설기계 제원표

④ 자동차손해배상보장법에 따른 보험 또는 공제의 가입을 증명하는 서류

2 건설기계 등록신청

건설기계를 취득한 날부터 2월(60일) 이내에 소유자의 주소지 또는 건설기계 사용본거지를 관할하는 시·도지사에게 하여야 한다.

04 등록사항 변경신고

건설기계의 소유자는 건설기계등록사항에 변경(주소지 또는 사용본거지가 변경된 경우를 제외한다)이 있는 때에는 그 변경이 있은 날부터 30일(상속의 경우에는 상속개시일부터 6개월) 이내에 건설기계등록사항변경신고서(전자문서로 된 신고서를 포함한다)에 서류(전자문서를 포함한다)를 첨부하여 등록을 한 시·도지사에게 제출하여야 한다.

05 건설기계 조종사 면허

1 건설기계 조종사 면허

건설기계 조종사 면허를 받으려는 사람은 국가기술자격법에 따른 해당 분야의 기술자격을 취득하고 국·공립병원, 시·도지사가 지정하는 의료기관의 적성검사에 합격하여야 한다.

2 건설기계 조종사 면허의 결격사유

① 18세 미만인 사람
② 건설기계 조종 상의 위험과 장해를 일으킬 수 있는 정신질환자 또는 뇌전증환자
③ 앞을 보지 못하는 사람, 듣지 못하는 사람
④ 마약, 대마, 향정신성 의약품 또는 알코올 중독자

3 자동차 제1종 대형면허로 조종할 수 있는 건설기계

덤프트럭, 아스팔트살포기, 노상안정기, 콘크리트믹서트럭, 콘크리트펌프, 천공기(트럭적재식을 말한다), 특수건설기계 중 국토교통부장관이 지정하는 건설기계이다.

4 건설기계 조종사 면허를 반납하여야 하는 사유

① 건설기계 면허가 취소된 때
② 건설기계 면허의 효력이 정지된 때
③ 면허증의 재교부를 받은 후 잃어버린 면허증을 발견한 때

5 건설기계 면허 적성검사 기준

① 두 눈을 동시에 뜨고 잰 시력이 0.7 이상일 것(교정시력을 포함)
② 두 눈의 시력이 각각 0.3 이상일 것(교정시력을 포함)

③ 55데시벨(보청기를 사용하는 사람은 40데시벨)의 소리를 들을 수 있고, 언어 분별력이 80% 이상일 것
④ 시각은 150도 이상일 것
⑤ 마약·알코올 중독의 사유에 해당되지 아니할 것

06 등록번호표

1 등록번호표에 표시되는 사항

기종, 등록관청, 등록번호, 용도 등이 표시된다.

2 등록번호표의 색칠

① 자가용 : 녹색 판에 흰색문자
② 영업용 : 주황색 판에 흰색문자
③ 관용 : 흰색 판에 검은색 문자
④ 임시운행 번호표 : 흰색 페인트 판에 검은색 문자

3 건설기계 등록번호

① 자가용 : 1001~4999
② 영업용 : 5001~8999
③ 관용 : 9001~9999

07 건설기계 검사

우리나라에서 건설기계에 대한 정기검사를 실시하는 검사업무 대행기관은 대한건설기계 안전관리원이다.

1 건설기계 검사의 종류

① 신규등록검사 : 건설기계를 신규로 등록할 때 실시하는 검사이다.
② 정기검사 : 건설공사용 건설기계로서 3년의 범위에서 국토교통부령으로 정하는 검사유효기간이 끝난 후에 계속하여 운행하려는 경우에 실시하는 검사와 대기환경보전법 및 소음·진동관리법에 따른 운행차의 정기검사이다.
③ 구조변경검사 : 건설기계의 주요구조를 변경 또는 개조한 때 실시하는 검사이다.
④ 수시검사 : 성능이 불량하거나 사고가 자주 발생하는 건설기계의 안전성 등을 점검하기 위하여 수시로 실시하는 검사와 건설기계 소유자의 신청을 받아 실시하는 검사이다.

2 정기검사 신청기간 및 검사기간 산정

① 정기검사를 받고자하는 자는 검사유효기간 만료일 전후 각각 31일 이내에 신청한다.
② 건설기계 정기검사 신청기간까지 신청한 경우 다음 정기검사 유효기간의 산정은 종전 검사 유효기간 만료일의 다음날부터 기산한다.
③ 정기검사 유효기간을 1개월 경과한 후에 정기검사를 받은 경우 다음 정기검사 유효기간 산정 기산일은 검사를 받은 날의 다음 날부터이다.

3 검사소에서 검사를 받아야 하는 건설기계

덤프트럭, 콘크리트믹서트럭, 콘크리트펌프(트럭적재식), 아스팔트살포기, 트럭지게차(국토교통부장관이 정하는 특수건설기계인 트럭지게차를 말한다)

4 당해 건설기계가 위치한 장소에서 검사하는(출장검사) 경우

① 도서지역에 있는 경우
② 자체중량이 40ton을 초과하거나 축중이 10ton을 초과하는 경우
③ 너비가 2.5m를 초과하는 경우
④ 최고속도가 시간당 35km 미만인 경우

5 정비명령

정비명령은 검사에 불합격한 해당 건설기계 소유자에게 하며, 정비명령 기간은 31일 이내이다.

08 건설기계의 구조변경을 할 수 없는 경우

① 건설기계의 기종변경
② 육상작업용 건설기계의 규격을 증가시키기 위한 구조변경
③ 육상작업용 건설기계의 적재함 용량을 증가시키기 위한 구조변경

09 건설기계 조종사 면허 취소 및 정지 사유

1 면허취소 사유

① 거짓이나 그 밖의 부정한 방법으로 건설기계조종사 면허를 받은 경우
② 건설기계조종사 면허의 효력정지기간 중 건설기계를 조종한 경우
③ 건설기계 조종상의 위험과 장해를 일으킬 수 있는 정신질환자 또는 뇌전증 환자로서 국토교통부령으로 정하는 사람
④ 앞을 보지 못하는 사람, 듣지 못하는 사람
⑤ 건설기계 조종상의 위험과 장해를 일으킬 수 있는 마약·대마·향정신성 의약품 또는 알코올 중독자

⑥ 고의로 인명피해(사망·중상·경상 등)를 입힌 경우
⑦ 건설기계조종사 면허증을 다른 사람에게 빌려준 경우
⑧ 술에 만취한 상태(혈중알코올농도 0.08% 이상)에서 건설기계를 조종한 경우
⑨ 술에 취한 상태에서 건설기계를 조종하다가 사고로 사람을 죽게 하거나 다치게 한 경우
⑩ 2회 이상 술에 취한 상태에서 건설기계를 조종하여 면허효력정지를 받은 사실이 있는 사람이 다시 술에 취한 상태에서 건설기계를 조종한 경우
⑪ 약물(마약, 대마, 향정신성 의약품 및 환각물질)을 투여한 상태에서 건설기계를 조종한 경우
⑫ 정기적성검사를 받지 않거나 적성검사에 불합격한 경우

2 면허정지 사유

① 인명피해를 입힌 경우
- 사망 1명마다 : 면허효력정지 45일
- 중상 1명마다 : 면허효력정지 15일
- 경상 1명마다 : 면허효력정지 5일

② 재산피해 : 피해금액 50만 원 마다 면허효력정지 1일(90일을 넘지 못함)
③ 건설기계 조종 중에 고의 또는 과실로 가스공급시설을 손괴하거나 가스공급시설의 기능에 장애를 입혀 가스의 공급을 방해한 경우 : 면허효력정지 180일
④ 술에 취한 상태(혈중알코올농도 0.03% 이상 0.08% 미만)에서 건설기계를 조종한 경우 : 면허효력정지 60일

10 벌칙

1 2년 이하의 징역 또는 2천만 원 이하의 벌금

① 등록되지 아니한 건설기계를 사용하거나 운행한 자
② 등록이 말소된 건설기계를 사용하거나 운행한 자
③ 시·도지사의 지정을 받지 아니하고 등록번호표를 제작하거나 등록번호를 새긴 자

2 1년 이하의 징역 또는 1천만 원 이하의 벌금

① 건설기계 조종사 면허를 받지 아니하고 건설기계를 조종한 자
② 건설기계 조종사 면허가 취소되거나 건설기계 조종사 면허의 효력정지처분을 받은 후에도 건설기계를 계속하여 조종한 자
③ 건설기계를 도로나 타인의 토지에 버려둔 자
④ 구조변경검사 또는 수시검사를 받지 아니한 자
⑤ 정비명령을 이행하지 아니한 자

11 대형 건설 기계

① 길이가 16.7m 이상인 경우
② 너비가 2.5m 이상인 경우
③ 최소 회전 반경이 12m 이상인 경우
④ 높이가 4m 이상인 경우
⑤ 총중량이 40톤 이상인 경우
⑥ 축하중이 10톤 이상인 경우

제6편 작업 후 점검

제1장 지게차 주차방법

① 건설기계 관련 시행규칙에 따른 주기장을 선정한다.
② 지게차 안전주차를 위한 주차 브레이크 체결 방법을 숙지한다.
③ 보행자의 안전을 위하여 마스트를 앞으로 기울인 후 포크 끝이 지면에 닿게 주차한다.
④ 경사지에 주차하였을 때 안전을 위하여 바퀴에 고임목을 사용하여 주차한다.

제2장 연료상태 점검

01 연료를 주입할 때 주의사항

① 급유 중에는 기관의 가동을 정지하고 지게차에서 하차한다.
② 급유장소에서 담배를 피우거나 불꽃을 일으켜서는 안 된다.
③ 지게차의 급유는 지정된 안전한 장소에서만 한다.
④ 연료수준을 너무 낮게까지 내려가게 하거나 또는 연료를 완전히 소진시켜서는 안 된다.

02 연료 주입방법

① 지게차를 지정된 안정한 장소에서 주차한다.
② 전·후진 레버를 중립에 두고 포크를 지면까지 내린다.
③ 주차 브레이크를 채우고 기관의 가동을 정지한다.
④ 연료탱크 주입구 캡(필러 캡)을 열고 연료탱크를 서서히 채운다.
⑤ 연료탱크 주입구 캡(필러 캡)을 닫고 연료가 넘쳤으면 닦아내고 흡수제로 깨끗이 정리한다.

제7편 응급대처

제1장 고장이 발생하였을 때의 응급처치

01 제동장치가 고장났을 때

① 브레이크 오일에 공기가 들어있을 경우의 원인은 브레이크 오일 부족, 오일 파이프 파열, 마스트 실린더 내의 체결 밸브 불량으로 조치방법은 공기빼기를 실시한다.
② 브레이크 라인이 마멸된 경우 정비공장에 의뢰하여 수리, 교환한다.
③ 브레이크 파이프에서 오일이 누유될 경우 정비공장에 의뢰하여 교환한다.
④ 마스트 실린더 및 휠 실린더 불량일 경우 정비공장에 의뢰하여 수리, 교환한다.

02 타이어 펑크 및 주행장치가 고장났을 때

① 타이어 펑크가 났을 때에는 안전주차하고 후면 안전거리에 고장표시판을 설치 후 정비사에게 지원을 요청한다.
② 주행장치(동력전달장치, 조향장치 등)가 고장났을 때에는 안전주차하고 후면 안전거리에 고장표시판을 설치 후 견인 조치한다.

제2장 교통사고가 발생하였을 때의 대처

01 인명사고가 발생하였을 때 응급조치 후 긴급구호 요청

차의 운전자 등은 경찰공무원이 현장에 있을 때에는 그 경찰공무원에게, 경찰공무원이 현장에 없을 때에는 가장 가까운 국가경찰관서에 다음 각 호의 사항을 지체 없이 신고하여야 한다.
① 사고가 일어난 곳
② 사상자 수 및 부상정도
③ 손괴한 물건 및 손괴정도
④ 그 밖의 조치사항 등

02 소화기

화재는 어떤 물질이 산소와 결합하여 연소하면서 열을 방출시키는 산화반응이며, 화재가 발생하기 위해서는 가연성 물질, 산소, 점화원이 반드시 필요하다.

1 화재의 분류

① A급 화재 : 일반화재(고체연료의 화재) – 연소 후 재를 남긴다.
② B급 화재 : 휘발유, 벤젠 등의 유류(기름)화재
③ C급 화재 : 전기화재
④ D급 화재 : 금속화재

2 소화기의 종류

① 이산화탄소 소화기 : 유류화재, 전기화재 모두 적용 가능하나, 질식작용에 의해 화염을 진화하기 때문에 실내 사용에는 특히 주의를 기울여야 한다.
② 포말소화기 : 목재, 섬유 등 일반화재에도 사용되며, 가솔린과 같은 유류나 화학약품의 화재에도 적당하나, 전기화재에는 부적당하다.
③ 분말소화기 : 미세한 분말소화재를 화염에 방사시켜 진화시킨다.
④ 물분무 소화설비 : 연소물의 온도를 인화점 이하로 냉각시키는 효과가 있다.

3 소화기 사용법을 숙지한다.

① 안전핀을 뽑는다. 이때 손잡이를 누른 상태로는 잘 빠지지 않으니 침착하도록 한다.
② 호스 걸이에서 호스를 벗겨내어 잡고 끝을 불쪽으로 향한다.
③ 손잡이를 힘껏 잡아 누른다.
④ 불의 아래쪽에서 비를 쓸 듯이 차례로 덮어 나간다.
⑤ 불이 꺼지면 손잡이를 놓는다.

03 교통사고에 대처하기

즉시 정차 → 사상자 구호 → 신고 순서로 조치 후 긴급구조 요청을 한다.

제8편 안전관리

제1장 안전보호구 착용 및 안전장치 확인

01 안전사고 발생의 개요

1 사고발생 원인

작업자의 불안전한 행동이 80%, 작업자의 불안정한 상태가 10%, 다른 작업자의 실수가 8%, 천재지변으로 인한 사고가 2%를 차지한다.

2 안전관리 결함

작업자의 인적요인, 설비적인 요인, 작업 요인, 관리적 요인 등이 있다.

02 안전보호구

1 안전보호구 이해

(1) 안전보호구의 구비조건

① 착용이 간단하고 착용 후 작업하기가 쉬울 것
② 유해, 위험요소로부터 보호성능이 충분할 것
③ 품질과 끝마무리가 양호할 것
④ 외관 및 디자인이 양호할 것

(2) 안전보호구를 선택할 때 주의사항

① 사용목적에 적합할 것
② 품질이 좋을 것
③ 사용하기가 쉬울 것
④ 관리하기가 편할 것
⑤ 작업자에게 잘 맞을 것

2 안전보호구의 종류

(1) 안전모

안전모는 작업자가 작업할 때 비래하는 물건이나 낙하하는 물건에 의한 위험성으로부터 머리를 보호한다.

안전모의 종류

① A형 : 물체의 낙하 및 비래에 의한 위험을 방지 또는 경감시키기 위한 것이며, 재질은 합성수지 또는 금속이다.

② AB형 : 물체의 낙하 또는 비래 및 추락에 의한 위험을 방지 또는 경감시키기 위한 것이며, 재질은 합성수지이다.

③ AE형 : 물체의 낙하 및 비래에 의한 위험을 방지 또는 경감하고, 머리부위 감전에 의한 위험을 방지하기 위한 것이며, 재질은 합성수지이다. 내전압성(7,000V 이하의 전압에 견디는 것)이 크다.

④ ABE형 : 물체의 낙하 또는 비래 및 추락에 의한 위험을 방지 또는 경감하고, 머리부위 감전에 의한 위험을 방지하기 위한 것이며, 재질은 합성수지이다. 내전압성이 크다.

안전모 사용 및 관리방법

① 작업내용에 적합한 안전모를 착용한다.

② 안전모를 착용할 때 턱 끈을 바르게 한다.

③ 충격을 받은 안전모나 변형된 안전모는 폐기 처분한다.

④ 자신의 크기에 맞도록 착장제의 머리 고정대를 조절한다.

⑤ 안전모에 구멍을 내지 않도록 한다.

⑥ 합성수지는 자외선에 균열 및 노화가 되므로 자동차 뒤 창문 등에 보관을 하지 않는다.

(2) 안전화

안전화는 작업장소의 상태가 나쁘거나, 작업자세가 부적합할 때 발이 미끄러져 넘어져서 발생하는 사고 및 물건의 취급, 운반할 때 취급하고 있는 물품에 발등이 다치는 재해로부터 작업자를 보호하기 위한 신발이다.

① 경 작업용 : 금속선별, 전기제품조립, 화학품 선별, 식품가공업 등 경량의 물체를 취급하는 작업장

② 보통 작업용 : 기계공업, 금속가공업 등 공구품을 손으로 취급하는 작업 및 차량 사업장, 기계 등을 조작하는 일반작업장

③ 중 작업용 : 중량물 운반 작업 및 중량이 큰 물체를 취급하는 작업장

(3) 안전작업복

① 안전작업복의 기본적인 요소 : 기능성·심미성·상징성이 작업복 스타일의 기본적인 3요소이다.

② 안전작업복의 조건 : 작업복이 갖추어야 할 조건으로는 보건성, 장신성, 적응성, 내구성이 있다.

(4) 보안경

보안경은 날아오는 물체로부터 눈을 보호하고 유해광선에 의한 시력 장해를 방지하기 위해 사용한다.

① 유리 보안경 : 고운가루, 칩, 기타 비산물체로부터 눈을 보호하기 위한 보안경이다.
② 플라스틱 보안경 : 고운 가루, 칩, 액체, 약품 등의 비산물체로부터 눈을 보호하기 위한 보안경이다.
③ 도수렌즈 보안경 : 원시 또는 난시인 작업자가 보안경을 착용해야 하는 작업장에서 유해물질로부터 눈을 보호하고 시력을 교정하기 위한 보안경이다.

(5) 방음보호구(귀마개 · 귀덮개)

방음보호구는 소음이 발생하는 작업장에서 작업자의 청력을 보호하기 위해 사용되는데, 소음의 허용 기준은 8시간 작업을 할 때 90dB이고 그 이상의 소음 작업장에서는 귀마개나 귀덮개를 착용한다.

(6) 호흡용 보호구

호흡용 보호구는 산소결핍 작업, 분진 및 유독가스 발생 작업장에서 작업할 때 신선한 공기 공급 및 여과를 통하여 호흡기를 보호한다.

03 안전장치

안전장치는 작업자의 위해를 방지하거나 기계설비의 손상을 방지하기 위하여 기계적, 전지적인 기능을 구비한 장치이다.

1 지게차 전도방지 안전장치

지게차에 화물을 적재하였을 때 앞 타이어가 받침대 역할을 하고 뒷면 평형추(Count weight)의 무게에 의해 안정된 상태를 유지할 수 있도록 최대하중 이하로 적재한다.

2 지게차의 안정도

안정도는 지게차의 화물 하역, 운반할 때 전도에 대한 안전성을 표시하는 수치로 하중을 높이 올리면 중심이 높아져서 언덕길 등의 경사면에서는 가로위치가 되면 쉽게 전도가 된다.

제2장 위험요소 확인

01 안전표시

안전표시는 작업장에서 작업자가 판단이나 행동의 실수가 발생하기 쉬운 장소나 중대한 재해를 일으킬 우려가 있는 장소에 안전을 확보하기 위해 표시하는 표지이다.
① 금지표지 : 위험한 어떤 일이나 행동 등을 하지 못하도록 제한하는 표지이다.
② 경고표지 : 조심하도록 미리 주의를 주는 표지로 직접적으로 위험한 것, 위험한 장소에 대한 표지이다.

③ 지시표지 : 불안전 행위, 부주의에 의한 위험이 있는 장소를 나타내는 표지이다.
④ 안내표지 : 응급구호표지, 방향표지, 지도표지 등 안내를 나타내는 표지이다.

02 안전수칙

① 기계, 설비 등 위험요인으로부터 작업자를 보호하기 위해 작업조건에 맞는 안전보호구의 착용방법을 숙지하고 착용한다.
② 위험장소 및 작업별로 위험요인에 대한 경각심을 부여하기 위하여 작업장의 눈에 잘 띄는 해당 장소에 안전표지를 부착한다.
③ 작업자 및 사업주에게 안전보건교육을 실시하여 안전의식에 대한 경각심을 고취하고 작업 중 발생할 수 있는 안전사고에 대비한다.
④ 정비, 보수 등의 비계획적 작업 또는 잠재 위험이 존재하는 작업 공정에서 지켜야 할 작업 단위별 안전작업 절차와 순서를 숙지하여 안전작업을 할 수 있도록 유도한다.

03 위험요소

1 화물의 낙하재해 예방

① 화물의 적재상태를 확인한다.
② 허용하중을 초과한 적재를 금지한다.
③ 마모가 심한 타이어를 교체한다.
④ 무자격자는 운전을 금지한다.
⑤ 작업장 바닥의 요철을 확인한다.

2 협착 및 충돌재해 예방

① 지게차 전용통로를 확보한다.
② 지게차 운행구간별 제한속도 지정 및 표지판을 부착한다.
③ 교차로 등 사각지대에 반사경을 설치한다.
④ 불안전한 화물적재 금지 및 시야를 확보하도록 적재한다.
⑤ 경사진 노면에 지게차를 방치하지 않는다.

3 지게차 전도재해 예방

① 연약한 지반에서는 받침판을 사용하고 작업한다.
② 연약한 지반에서 편하중에 주의하여 작업한다.
③ 지게차의 용량을 무시하고 무리하게 작업하지 않는다.
④ 급선회, 급제동, 오작동 등을 하지 않는다.
⑤ 화물의 적재중량보다 작은 소형 지게차로 작업하지 않는다.

4 추락재해 예방

① 운전석 이외에 작업자 탑승을 금지한다.
② 난폭운전금지 및 유도자의 신호에 따라 작업한다.
③ 작업 전 안전띠를 착용하고 작업한다.
④ 지게차를 이용한 고소작업을 금지한다.

5 작업장 주변상황 파악

① 작업 지시사항에 따라 정확하고 안전한 작업을 수행하기 위해서는 작업에 투입하는 지게차의 일일점검을 실시해야 하므로 지게차의 주기상태를 육안으로 확인한다.
② 작업할 때 안전사고 예방을 위해 지게차 작업 반경 내의 위험요소를 육안으로 확인한다.
③ 작업 지시사항에 따라 안전한 작업을 수행하기 위해 작업장 주변 구조물의 위치를 육안으로 확인한다.

제3장 안전운반 작업

01 지게차 사용설명서

사용설명서는 지게차를 안전하게 사용하기 위한 방법을 상세히 명기하여 사용자에게 주요기능을 안내하는 책으로, 지게차를 유지 관리하는 사용방법 등에 관한 구체적인 항목이 열거되어 있으며 운전자 매뉴얼, 지게차 사용 매뉴얼, 정비지침서 등이 있다.

02 안전운반

1 안전운반의 일반적인 사항

① 작업 전 일일점검을 실시한다.
② 정해진 운전자만 운전한다.
③ 작업할 때 적재하중을 초과하여 적재하지 않는다.
④ 작업할 때 규정 주행속도를 준수한다.
⑤ 작업 중 운전석을 이탈할 때에는 시동키를 반드시 휴대한다.
⑥ 작업할 때 안전표지 내용을 준수한다.
⑦ 작업할 때 안전벨트를 착용한다.
⑧ 지게차를 다른 용도로 사용하지 않는다.
⑨ 작업할 때 안전한 경로를 선택해 규정 속도로 주행한다.
⑩ 작업할 때 운전시야를 확보한다.
⑪ 작업할 때 휴대전화를 사용하지 않는다.
⑫ 작업할 때 음주운전을 하지 않는다.

2 운반할 때 안전수칙

① 마스트를 뒤로 충분하게 기울인 상태에서 포크 높이를 지면으로부터 20~30cm 유지하며 운반한다.
② 적재한 화물이 운전시야를 가릴 때에는 후진주행이나 유도자를 배치하여 주행한다.
③ 주행할 때 이동방향을 확인하고 작업장 바닥과의 간격을 유지하면서 화물을 운반한다.
④ 혼잡한 지역이나 운전시야가 가려질 때는 장애물과 보행자에 주의하면서 주행속도를 감속하여 주행한다.
⑤ 경사로를 올라가거나 내려올 때는 적재물이 경사로의 위쪽을 향하도록 하고 경사로를 내려오는 경우에는 기관 브레이크를 사용하여 천천히 내려온다.

03 작업안전 및 기타 안전사항

1 작업 전 점검사항

① 일상점검표에 의거 작업 전, 작업 중, 작업 후 점검을 실시한다.
② 연료누유 및 각종 오일누유 점검은 작업 전 점검사항으로 주기된 지게차의 지면을 확인하여 연료 및 각종오일의 누유여부를 확인한다.
③ 리프트 레버를 작동하여 리프트 실린더의 누유여부 및 피스톤 로드의 손상을 점검한다.
④ 작업 전·후진 레버를 조작하여 레버가 부드럽게 작동하는지 확인한다.
⑤ 브레이크 페달을 밟아 페달유격이 정상인지 확인한다.
⑥ 주차 브레이크가 원활하게 해제되고 확실히 제동되는지 확인한다.
⑦ 조향핸들을 조작하여 조향핸들에 이상진동이 느껴지는지 확인하고 유격상태를 점검한다.

2 주행할 때 안전수칙

① 작업장 내에서는 제한속도를 준수한다.
② 운전시야가 불량하면 유도자의 지시에 따라 전후좌우를 충분히 관찰 후 운행한다.
③ 진입로, 교차로 등 시야가 제한되는 장소에서는 주행속도를 줄이고 운행한다.
④ 경사로 및 좁은 통로 등에서 급출발, 급정지, 급선회를 하지 않는다.
⑤ 다른 차량과 안전 차간거리를 유지한다.
⑥ 선회할 때 뒷바퀴에 주의하여 천천히 선회하며 다른 작업자나 구조물과의 충돌에 주의한다.

3 적재작업을 할 때 안전수칙

① 적재할 화물의 앞에서 안전한 속도로 감속한다.
② 화물 앞에서 정지하여 마스트를 수직으로 조정한다.
③ 화물의 폭에 따라 포크 간격을 조절하여 화물 무게의 중심이 중앙에 오도록 한다.
④ 지게차가 화물에 대해 똑바로 향하고 팔레트 또는 스키드에 포크의 삽입위치를 확인 후 포크를 수평으로 유지하여 천천히 삽입한다.

⑤ 포크 삽입 후 포크를 지면으로부터 10cm 들어 올려 화물의 안정상태와 포크에 대한 편하중을 확인한다.

⑥ 화물에 대한 안정상태 및 포크에 대한 편하중에 이상이 없음을 확인 후 마스트를 뒤로 충분하게 기울이고 포크를 지면으로부터 20~30cm 높이를 유지한다.

4 하역작업을 할 때 안전수칙

① 화물을 적재할 장소에 도착하면 안전한 속도로 감속하여 적재할 장소 앞에 정지한다.

② 적재하고 있는 화물의 붕괴, 파손 등의 위험 여부를 확인한다.

③ 마스트를 수직으로 하고 포크를 수평으로 유지하며 하역할 위치보다 약간 높은 위치까지 포크를 상승한다.

④ 지게차를 천천히 주행하여 내려놓을 위치를 확인 후 적재할 장소에 화물을 하역한다.

5 주차 및 작업 종료 후 안전수칙

① 포크를 지면에 완전히 내리고 마스트를 앞으로 기울인다.

② 주차 브레이크를 체결하고 전·후진 레버를 중립 위치에 놓은 상태에서 기관시동을 정지하고 시동키는 운전자가 지참하여 관리한다.

③ 작업 후 점검을 실시하여 지게차 이상유무를 확인한다.

④ 지게차 내·외부를 청소하고 더러움이 심할 경우 물로 세척한다.

제4장 지게차 안전관리

01 지게차 안전관리

지게차 조종면허를 소지한 조종사를 지정하여 운전하도록 하고, 시동스위치는 별도 관리하도록 한다.

1 안전작업 매뉴얼을 준수할 것

① 작업계획서를 작성한다.

② 지게차 작업 장소의 안전한 운행경로를 확보한다.

③ 안전수칙 및 안정도를 준수한다.

2 작업할 때 안전수칙을 준수할 것

① 작업 전 일일점검을 실시한다.

② 주행할 때 안전수칙을 준수한다.

③ 운반할 때 안전수칙을 준수한다.

④ 하역작업을 할 때의 안전수칙을 준수한다.

⑤ 주차 및 작업 종료 후 안전수칙을 준수한다.

3 작업계획서를 작성할 것

지게차 작업계획서는 작업의 내용, 시작 및 작업시간, 종료시간 등을 세우는 계획서로 운반할 화물의 품명, 중량, 운반수량, 운반거리 및 지게차 제원 등이 포함된다.

02 일상점검 사항

① 지게차의 외관을 점검한다.
② 기관오일량, 냉각수량, 유압유량, 연료량 등을 점검한다.
③ 팬벨트 장력을 점검한다.
④ 타이어의 마모 및 공기압을 점검한다.
⑤ 타이어 휠 너트 체결 상태를 점검한다.
⑥ 각종 계기의 작동상태를 점검한다.
⑦ 경음기, 후진경보장치 등의 작동상태를 점검한다.
⑧ 조향장치 작동상태를 점검한다.
⑨ 브레이크 및 인칭페달의 작동상태 점검한다.
⑩ 주차 브레이크 작동상태를 점검한다.
⑪ 작업 장치 작동상태를 점검한다.
⑫ 공기청정기 엘리먼트를 청소한다.
⑬ 축전지 단자의 접속 상태를 점검한다.

03 작업요청서

① 작업요청서는 화물운반 작업을 해당 업체에 의뢰하는 서류로 의뢰인의 작업요청 내용을 정확하게 파악할 수 있도록 작성한다.
② 작업요청서의 화물 이름, 규격, 중량, 운반수량, 운반거리 및 작업에 필요한 지게차를 선정하고 출발지·도착지 및 작업장 환경을 고려하여 작업시간을 계산한다.

04 지게차 안전관리 교육

1 화물을 취급할 때 위험요인을 확인할 것

① 조종사 시야확보 불량
② 운전미숙
③ 과속에 의한 충돌
④ 급선회 할 때 전도
⑤ 화물 과다 적재

⑥ 화물 편하중 적재
⑦ 무자격자 운전
⑧ 지게차를 용도 이외에 사용

2 화물운반 방법을 숙지할 것

(1) 화물운반 3원칙

① 화물을 들어 올린다.
② 화물을 운반한다.
③ 화물을 안전하게 놓는다.

(2) 화물 적재방법

① 모양을 갖추어서 적재하고, 즉시 사용할 물품은 별도로 보관한다.
② 가벼운 화물은 랙의 상단에, 무거운 화물은 랙의 하단에 적재한다.
③ 큰 것으로부터 작은 것으로 겹쳐서 보관한다.
④ 높이는 밑의 길이보다 3배 이하로 하고, 긴 물건은 옆으로 눕혀 놓는다.
⑤ 화물의 안정성이 나쁜 것은 눕혀 놓는다.
⑥ 화물을 세워서 보관할 때에는 전도방지 조치를 한다.
⑦ 구르기 쉬운 것은 고임대로 받친다.
⑧ 파손되기 쉬운 화물은 별도로 보관한다.

05 기계 · 기구 및 공구에 관한 사항

1 수공구 안전사항

(1) 수공구를 사용할 때 주의사항

① 수공구를 사용하기 전에 이상 유무를 확인한다.
② 작업자는 필요한 보호구를 착용한다.
③ 용도 이외의 수공구는 사용하지 않는다.
④ 공구를 던져서 전달해서는 안 된다.

(2) 렌치를 사용할 때 주의사항

① 볼트 및 너트에 맞는 것을 사용, 즉 볼트 및 너트 머리 크기와 같은 조(Jaw)의 렌치를 사용한다.
② 볼트 및 너트에 렌치를 깊이 물린다.
③ 렌치를 몸 안쪽으로 잡아 당겨 움직이도록 한다.
④ 힘의 전달을 크게 하기 위하여 파이프 등을 끼워서 사용해서는 안 된다.

(3) 토크렌치(Torque wrench) 사용방법

① 볼트·너트 등을 조일 때 조이는 힘을 측정하기(조임력을 규정 값에 정확히 맞도록) 위하여 사용한다.
② 오른손은 렌치 끝을 잡고 돌리며, 왼손은 지지점을 누르고 눈은 게이지 눈금을 확인한다.

(4) 드라이버를 사용할 때 주의사항

① 스크루 드라이버의 크기는 손잡이를 제외한 길이로 표시한다.
② 날 끝의 홈의 폭과 길이가 같은 것을 사용한다.
③ 작은 크기의 부품이라도 바이스(Vise)에 고정시키고 작업한다.
④ 전기 작업을 할 때에는 절연된 손잡이를 사용한다.

(5) 해머 작업을 할 때 주의사항

① 해머로 녹슨 것을 때릴 때에는 반드시 보안경을 쓴다.
② 기름이 묻은 손이나 장갑을 끼고 작업하지 않는다.
③ 해머는 작게 시작하여 차차 큰 행정으로 작업한다.
④ 타격면은 평탄하고, 손잡이는 튼튼한 것을 사용한다.

2 드릴 작업을 할 때의 안전대책

① 구멍을 거의 뚫었을 때 일감 자체가 회전하기 쉽다.
② 드릴의 탈·부착은 회전이 멈춘 다음 행한다.
③ 공작물은 단단히 고정시켜 따라 돌지 않게 한다.
④ 드릴 끝이 가공물을 관통여부를 손으로 확인해서는 안 된다.
⑤ 드릴작업은 장갑을 끼고 작업해서는 안 된다.
⑥ 작업 중 쇳가루를 입으로 불어서는 안 된다.
⑦ 드릴작업을 하고자 할 때 재료 밑의 받침은 나무판을 이용한다.

3 그라인더(연삭숫돌) 작업을 할 때 주의사항

① 숫돌차와 받침대 사이의 표준간격은 2~3mm 정도가 좋다.
② 반드시 보호안경을 착용하여야 한다.
③ 안전커버를 떼고서 작업해서는 안 된다.
④ 숫돌작업은 측면에 서서 숫돌의 정면을 이용하여 연삭한다.

모의고사편

CBT(Computer Based Test)

CBT(Computer Based Test) 시험 안내

2017년부터 모든 기능사 필기시험은 시험장의 컴퓨터를 통해 이루어집니다. 화면에 나타난 문제를 풀고 마우스를 통해 정답을 표시하여 모든 문제를 다 풀었는지 한 번 더 확인한 후 답안을 제출하고, 제출된 답안은 감독자의 컴퓨터에 자동으로 저장되는 방식입니다. 처음 응시하는 학생들은 시험 환경이 낯설어 실수할 수 있으므로, 반드시 사전에 CBT 시험에 대한 충분한 연습이 필요합니다. Q-Net 홈페이지에서는 CBT 체험하기를 제공하고 있으니, 잘 활용하기를 바랍니다.

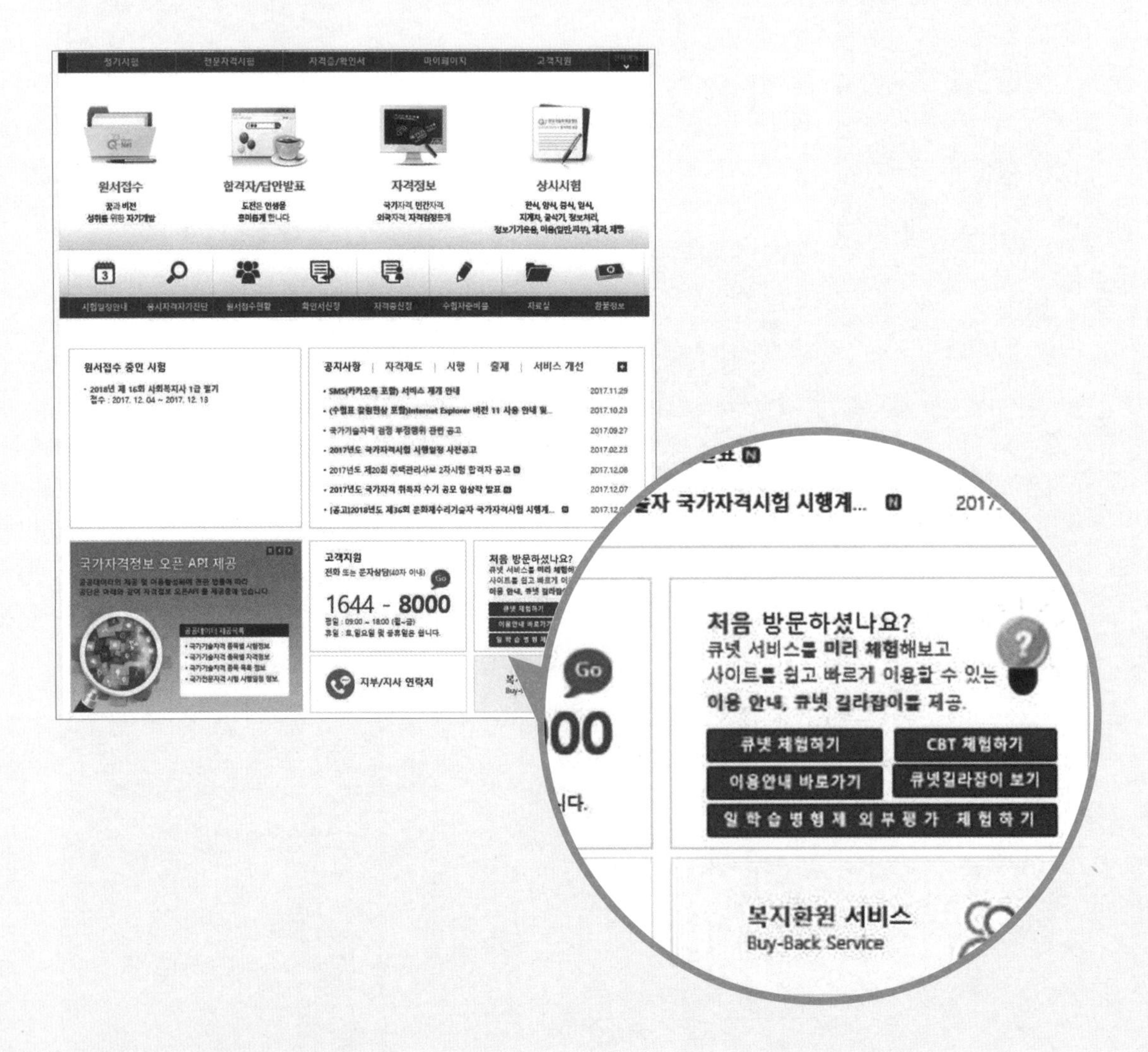

〈http://www.q-net.or.kr〉

1 큐넷 홈페이지에서 CBT 필기 자격시험 체험하기 클릭

2 수험자 정보 확인과 안내사항, 유의사항 읽어보기

3 CBT 화면 메뉴 설명 확인하기

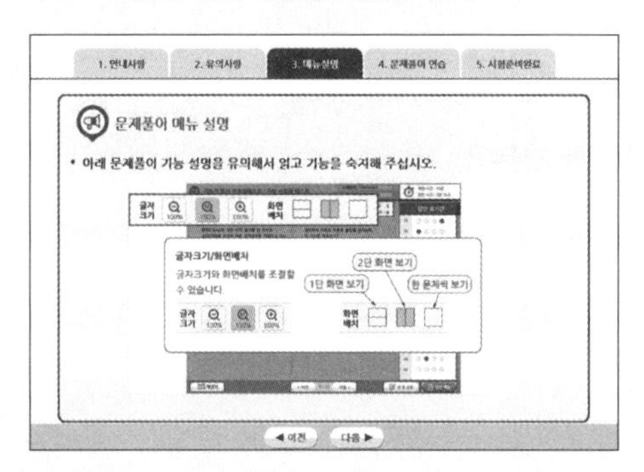

4 문제 풀이 실습 체험해 보기

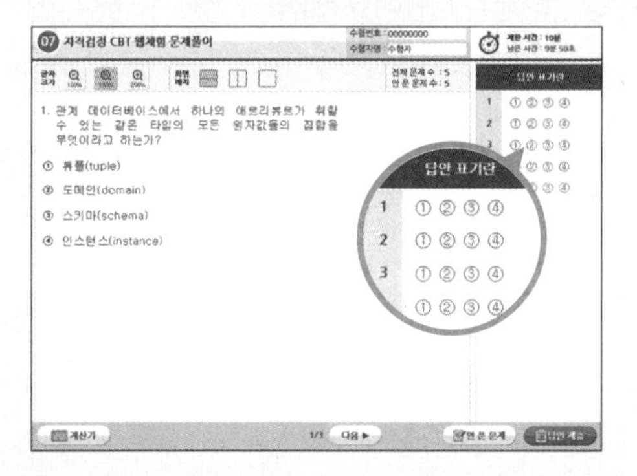

5 답안 제출, 최종 확인 및 시험 완료

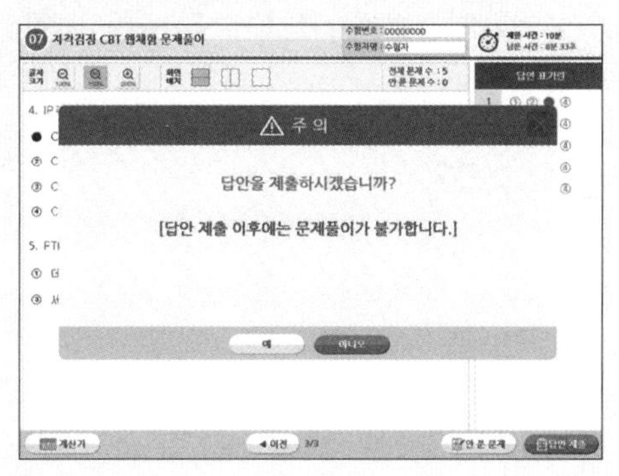

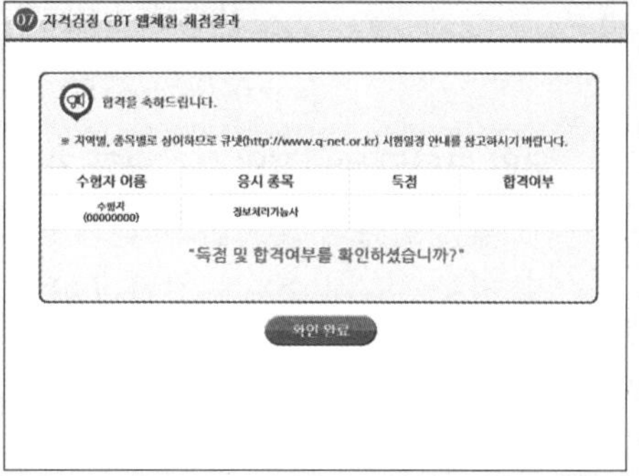

지게차운전기능사 필기 모의고사 ❶

수험번호 :
수험자명 :

제한 시간 : 60분
남은 시간 : 60분

전체 문제 수 : 60
안 푼 문제 수 :

답안 표기란

1 ① ② ③ ④
2 ① ② ③ ④
3 ① ② ③ ④
4 ① ② ③ ④
5 ① ② ③ ④

1 **화재 발생 시 연소 조건이 아닌 것은?**

① 점화원
② 산소(공기)
③ 발화시기
④ 가연성 물질

2 **지게차 주행 시 포크의 높이로 가장 적절한 것은?**

① 지면으로부터 60~70cm 정도 높인다.
② 지면으로부터 90cm 정도 높인다.
③ 지면으로부터 20~30cm 정도 높인다.
④ 최대한 높이를 올리는 것이 좋다.

3 **유압기기 속에 혼입되어 있는 불순물을 제거하기 위해 사용되는 것은?**

① 패킹
② 릴리프 밸브
③ 배수기
④ 스트레이너

4 **화재의 분류 기준으로 틀린 것은?**

① A급 화재 : 고체 연료성 화재
② D급 화재 : 금속화재
③ B급 화재 : 액상 또는 기체상의 연료성 화재
④ C급 화재 : 가스화재

5 **유압 모터의 일반적인 특징으로 가장 적합한 것은?**

① 넓은 범위의 무단 변속이 용이하다.
② 직선운동 시 속도 조절이 용이하다.
③ 각도에 제한 없이 왕복 각운동을 한다.
④ 운동량을 자동으로 직선 조작할 수 있다.

6 **건설기계의 범위에 속하지 않는 것은?**

① 공기 토출량이 매분 당 2.83세제곱미터 이상의 이동식인 공기 압축기
② 노상 안정장치를 가진 자주식인 노상 안정기
③ 정지장치를 가진 자주식인 모터 그레이더
④ 전동식 솔리드 타이어를 부착한 것 중 도로가 아닌 장소에서만 운행하는 지게차

7 **「도로교통법」에 의한 통고처분의 수령을 거부하거나 범칙금을 기간 안에 납부하지 못한 자는 어떻게 처리되는가?**

① 면허증이 취소된다.
② 즉결 심판에 회부된다.
③ 연기 신청을 한다.
④ 면허의 효력이 정지된다.

8 **건설기계에 사용되는 12볼트(V) 80암페어(A) 축전지 2개를 직렬연결하면 전압과 전류는?**

① 24볼트(V) 160암페어(A)가 된다.
② 12볼트(V) 160암페어(A)가 된다.
③ 24볼트(V) 80암페어(A)가 된다.
④ 12볼트(V) 80암페어(A)가 된다.

9 **작업 시 일반적인 안전에 대한 설명으로 틀린 것은?**

① 회전되는 물체에 손을 대지 않는다.
② 장비는 취급자가 아니어도 사용한다.
③ 장비는 사용 전에 점검한다.
④ 장비 사용법은 사전에 숙지한다.

10 **사용 중인 작동유의 수분 함유 여부를 현장에서 판정하는 것으로 가장 적합한 방법은?**

① 오일을 가열한 철판 위에 떨어뜨려 본다.
② 오일의 냄새를 맡아본다.
③ 오일을 시험관에 담아서 침전물을 확인한다.
④ 여과지에 약간(3~4방울)의 오일을 떨어뜨려 본다.

답안 표기란	
6	① ② ③ ④
7	① ② ③ ④
8	① ② ③ ④
9	① ② ③ ④
10	① ② ③ ④

답안 표기란

11 ① ② ③ ④
12 ① ② ③ ④
13 ① ② ③ ④
14 ① ② ③ ④
15 ① ② ③ ④
16 ① ② ③ ④

11 **유압유의 유체에너지(압력, 속도)를 기계적인 일로 변환시키는 유압 장치는?**

① 유압 펌프 ② 유압 액추에이터
③ 어큐뮬레이터 ④ 유압 밸브

12 **디젤기관의 배출물로 규제 대상은?**

① 일산화탄소 ② 매연
③ 탄화수소 ④ 공기 과잉율(λ)

13 **고속도로 통행이 허용되지 않는 건설기계는?**

① 콘크리트 믹서 트럭 ② 덤프 트럭
③ 지게차 ④ 기중기(트럭 적재식)

14 **건설기계의 출장 검사가 허용되는 경우가 아닌 것은?**

① 너비가 2.5m 미만 건설기계
② 최고 속도가 35km/h 미만인 건설기계
③ 도서 지역에 있는 건설기계
④ 자체 중량이 40톤을 초과하거나 축중이 10톤을 초과하는 건설기계

15 **정기 검사 신청을 받은 검사 대행자는 며칠 이내에 검사 일시 및 장소를 신청인에게 통지하여야 하는가?**

① 3일 ② 20일
③ 15일 ④ 5일

16 **클러치의 구비 조건으로 틀린 것은?**

① 단속 작용이 확실하며 조작이 쉬어야 한다.
② 회전 부분의 평형이 좋아야 한다.
③ 방열이 잘되고 과열되지 않아야 한다.
④ 회전 부분의 관성력이 커야 한다.

17 **건설기계 운전 및 작업 시 안전 사항으로 맞는 것은?**

① 작업의 속도를 높이기 위해 레버 조작을 빨리 한다.
② 건설기계 승·하차 시에는 건설기계에 장착된 손잡이 및 발판을 사용한다.
③ 건설기계의 무게는 무시해도 된다.
④ 작업 도구나 적재물이 장애물에 걸려도 동력에 무리가 없으므로 그냥 작업한다.

18 **엔진의 부하에 따라 연료 분사량을 가감하여 최고 회전 속도를 제어하는 장치는?**

① 플런저와 노즐 펌프　② 토크 컨버터
③ 래크와 피니언　④ 거버너

19 **유압 회로에서 어떤 부분 회로의 압력을 주회로의 압력보다 저압으로 해서 사용하고자 할 때 사용하는 밸브는?**

① 릴리프 밸브　② 리듀싱 밸브
③ 카운터 밸런스 밸브　④ 체크 밸브

20 **베인 펌프의 일반적인 특징이 아닌 것은?**

① 대용량, 고속 가변형에 적합하지만 수명이 짧다.
② 맥동과 소음이 적다.
③ 간단하고 성능이 좋다.
④ 소형, 경량이다.

21 **4행정 사이클 기관에서 주로 사용되고 있는 오일 펌프는?**

① 로터리 펌프와 기어 펌프
② 로터리 펌프와 나사 펌프
③ 기어 펌프와 포막 펌프
④ 원심 펌프와 플런저 펌프

22 **기계의 회전 부분(기어, 벨트, 체인)에 덮개를 설치하는 이유는?**

① 좋은 품질의 제품을 얻기 위하여
② 회전 부분과 신체의 접촉을 방지하기 위하여
③ 회전 부분의 속도를 높이기 위하여
④ 제품의 제작 과정을 숨기기 위하여

답안 표기란
17 ① ② ③ ④
18 ① ② ③ ④
19 ① ② ③ ④
20 ① ② ③ ④
21 ① ② ③ ④
22 ① ② ③ ④

23 **기관 냉각장치에서 비등점을 높이는 기능을 하는 것은?**

① 물재킷 ② 라디에이터
③ 압력식 캡 ④ 물 펌프

24 **작동유가 넓은 온도 범위에서 사용되기 위한 조건으로 옳은 것은?**

① 산화 작용이 양호해야 한다. ② 점도 지수가 높아야 한다.
③ 유성이 커야 한다. ④ 소포성이 좋아야 한다.

25 **배기터빈 과급기에서 터빈 축 베어링의 윤활 방법으로 옳은 것은?**

① 기관 오일을 급유 ② 오일리스 베어링 사용
③ 그리스로 윤활 ④ 기어 오일을 급유

26 **가스 용접기에서 아세틸렌 용접장치의 방호장치는?**

① 자동전격 방지기 ② 안전기
③ 제동장치 ④ 덮개

27 **공구 사용 시 주의해야 할 사항으로 틀린 것은?**

① 강한 충격을 가하지 않을 것
② 손이나 공구에 기름을 바른 다음에 작업할 것
③ 주위 환경에 주의해서 작업할 것
④ 해머작업 시 보호 안경을 쓸 것

28 **건설기계 관리법에서 건설기계 조종사 면허의 취소 처분기준이 아닌 것은?**

① 건설기계 조종 중 고의로 1명에게 경상을 입힌 때
② 거짓 그 밖의 부정한 방법으로 건설기계 조종사 면허를 받은 때
③ 건설기계 조종 중 고의 또는 과실로 가스 공급시설의 기능에 장애를 입혀 가스공급을 방해한 자
④ 건설기계 조종사 면허의 효력정지 기간 중 건설기계를 조종한 때

답안 표기란

23 ① ② ③ ④
24 ① ② ③ ④
25 ① ② ③ ④
26 ① ② ③ ④
27 ① ② ③ ④
28 ① ② ③ ④

답안 표기란
29 ① ② ③ ④
30 ① ② ③ ④
31 ① ② ③ ④
32 ① ② ③ ④
33 ① ② ③ ④

29 **지게차 포크에 화물을 싣고 창고나 공장을 출입할 때의 주의 사항 중 틀린 것은?**

① 팔이나 몸을 차체 밖으로 내밀지 않는다.
② 차폭이나 출입구의 폭은 확인할 필요가 없다.
③ 주위 장애물 상태를 확인 후 이상이 없을 때 출입한다.
④ 화물이 출입구 높이에 닿지 않도록 주의한다.

30 **지게차 작업 시 안전 수칙으로 틀린 것은?**

① 주차 시에는 포크를 완전히 지면에 내려야 한다.
② 화물을 적재하고 경사지를 내려갈 때는 운전 시야 확보를 위해 전진으로 운행해야 한다.
③ 포크를 이용하여 사람을 싣거나 들어 올리지 않아야 한다.
④ 경사지를 오르거나 내려올 때는 급회전을 금해야 한다.

31 **추진축의 각도 변화를 가능하게 하는 이음은?**

① 요크 이음
② 자재 이음
③ 플랜지 이음
④ 슬립 이음

32 **방향 지시등 스위치 작동 시 한쪽은 정상이고, 다른 한쪽은 점멸작용이 정상과 다르게(빠르게, 느리게, 작동 불량) 작용할 때, 고장 원인으로 가장 거리가 먼 것은?**

① 플래셔 유닛이 고장났을 때
② 한쪽 전구 소켓에 녹이 발생하여 전압 강하가 있을 때
③ 전구 1개가 단선되었을 때
④ 한쪽 램프 교체 시 규정 용량의 전구를 사용하지 않았을 때

33 **건설기계 등록말소신청을 할 때 구비할 서류가 아닌 것은?**

① 건설기계 등록증
② 건설기계 검사증
③ 건설기계 운행증
④ 등록말소사유를 확인할 수 있는 서류

34 그림과 같은 교통안전표지의 뜻은?

① 좌합류 도로가 있음을 알리는 것
② 좌로 굽은 도로가 있음을 알리는 것
③ 우합류 도로가 있음을 알리는 것
④ 철길 건널목이 있음을 알리는 것

35 지게차를 운전할 때 유의 사항으로 틀린 것은?

① 주행을 할 때에는 포크를 가능한 낮게 내려 주행한다.
② 적재물이 높아 전방 시야가 가릴 때에는 후진하여 운전한다.
③ 포크 간격은 화물에 맞게 수시로 조정한다.
④ 후방 시야 확보를 위해 뒤쪽에 사람을 탑승시켜야 한다.

36 지게차를 운행할 때의 주의 사항으로 틀린 것은?

① 급유 중은 물론 운전 중에도 화기를 가까이 하지 않는다.
② 적재 시 급제동을 하지 않는다.
③ 내리막길에서는 브레이크 페달을 밟으면서 서서히 주행한다.
④ 적재 시에는 최고 속도로 주행한다.

37 「건설기계관리법」상의 건설기계사업에 해당하지 않는 것은?

① 건설기계매매업　② 건설기계해체재활용업
③ 건설기계정비업　④ 건설기계제작업

38 지게차 하역작업 시 안전한 방법이 아닌 것은?

① 무너질 위험이 있는 경우 화물 위에 사람이 올라간다.
② 가벼운 것은 위로, 무거운 것은 밑으로 적재한다.
③ 굴러갈 위험이 있는 물체는 고임목으로 고인다.
④ 허용 적재 하중을 초과하는 화물의 적재는 금한다.

39 지게차의 좌우 포크 높이가 다를 경우에 조정하는 부위는?

① 리프트 밸브로 조정한다.
② 리프트 체인의 길이로 조정한다.
③ 틸트 레버로 조정한다.
④ 틸트 실린더로 조정한다.

답안 표기란

34	① ② ③ ④
35	① ② ③ ④
36	① ② ③ ④
37	① ② ③ ④
38	① ② ③ ④
39	① ② ③ ④

40 「도로교통법」에서 정하는 주차 금지 장소가 아닌 곳은?

① 소방용 방화물통으로부터 5m 이내인 곳
② 전신주로부터 20m 이내인 곳
③ 화재 경보기로부터 3m 이내인 곳
④ 터널 안 및 다리 위

41 지게차의 충전장치에서 주로 사용하고 있는 발전기는?

① 직류 발전기
② 3상 교류 발전기
③ 와전류 발전기
④ 단상 교류 발전기

42 지게차의 리프트 실린더(Lift cylinder) 작동회로에서 플로 프로텍터(벨로시티 퓨즈)를 사용하는 주된 목적은?

① 컨트롤 밸브와 리프터 실린더 사이에서 배관 파손 시 적재물 급강하를 방지한다.
② 포크의 정상 하강 시 천천히 내려올 수 있게 한다.
③ 짐을 하강할 때 신속하게 내려올 수 있도록 작용한다.
④ 리프트 실린더 회로에서 포크 상승 중 중간 정지 시 내부 누유를 방지한다.

43 지게차의 포크를 상승시키는 역할을 하는 장치는?

① 틸트 실린더
② 리프트 실린더
③ 볼 실린더
④ 조향 실린더

44 지게차의 틸트 레버를 운전석에서 운전자 몸 쪽으로 당기면 마스트는 어떻게 기울어지는가?

① 운전자의 몸쪽에서 멀어지는 방향으로 기운다.
② 지면 방향 아래쪽으로 내려온다.
③ 운전자의 몸쪽 방향으로 기운다.
④ 지면에서 위쪽으로 올라간다.

답안 표기란	
40	① ② ③ ④
41	① ② ③ ④
42	① ② ③ ④
43	① ② ③ ④
44	① ② ③ ④

45 구급처치 중에서 환자의 상태를 확인하는 사항과 거리가 먼 것은?

① 의식　　② 격리
③ 상처　　④ 출혈

46 배터리의 자기방전 원인에 대한 설명으로 틀린 것은?

① 전해액 중에 불순물이 혼입되어 있다.
② 배터리 케이스의 표면에서는 전기 누설이 없다.
③ 이탈된 작용물질이 극판의 아랫 부분에 퇴적되어 있다.
④ 배터리의 구조상 부득이하다.

47 자연적 재해가 아닌 것은?

① 방화　　② 홍수
③ 태풍　　④ 지진

48 벨트를 풀리(Pulley)에 장착 시 작업 방법에 대한 설명으로 옳은 것은?

① 중속으로 회전시키면서 건다.
② 회전을 중지시킨 후 건다.
③ 저속으로 회전시키면서 건다.
④ 고속으로 회전시키면서 건다.

49 지게차로 가파른 경사지에서 화물을 운반할 때에는 어떤 방법이 좋겠는가?

① 화물을 앞으로 하여 천천히 내려온다.
② 기어의 변속을 중립에 놓고 내려온다.
③ 기어의 변속을 저속 상태로 놓고 후진으로 내려온다.
④ 지그재그로 회전하여 내려온다.

50 지게차로 적재작업을 할 때 유의사항으로 틀린 것은?

① 운반하려고 하는 화물가까이 가면 속도를 줄인다.
② 화물 앞에서 일단 정지한다.
③ 화물이 무너지거나 파손 등의 위험성 여부를 확인한다.
④ 화물을 높이 들어 올려 아랫부분을 확인하며 천천히 출발한다.

답안 표기란

45	①	②	③	④
46	①	②	③	④
47	①	②	③	④
48	①	②	③	④
49	①	②	③	④
50	①	②	③	④

51 유압 실린더의 종류에 해당하지 않은 것은?

① 복동 실린더 더블 로드형
② 복동 실린더 싱글 로드형
③ 단동 실린더 램형
④ 단동 실린더 배플형

52 지게차로 길고 급한 경사 길을 운전할 때 반 브레이크를 오래 사용하면 어떤 현상이 생기는가?

① 라이닝은 페이드, 파이프는 스팀 록
② 파이프는 증기 폐쇄, 라이닝은 스팀 록
③ 라이닝은 페이드, 파이프는 베이퍼 록
④ 파이프는 스팀 록, 라이닝은 베이퍼 록

53 지게차의 일반적인 조향방식은?

① 전륜 조향방식이다.
② 후륜 조향방식이다.
③ 허리꺾기 조향방식이다.
④ 작업조건에 따라 바꿀 수 있다.

54 축전지와 전동기를 동력원으로 하는 지게차는?

① 전동 지게차
② 유압 지게차
③ 엔진 지게차
④ 수동 지게차

55 그림에서 체크 밸브를 나타낸 것은?

① 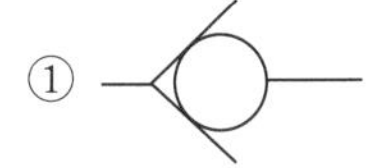
② 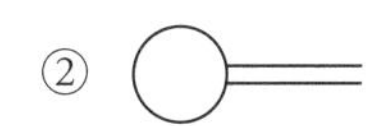
③ 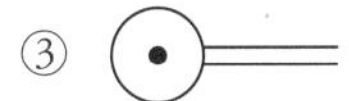
④

답안 표기란

51 ① ② ③ ④
52 ① ② ③ ④
53 ① ② ③ ④
54 ① ② ③ ④
55 ① ② ③ ④

56 유압 회로에서 속도 제어 회로에 속하지 않는 것은?

① 시퀀스 회로 ② 미터 인 회로
③ 블리드 오프 회로 ④ 미터 아웃 회로

57 디젤기관의 연소실 중 연료 소비율이 낮으며 연소 압력이 가장 높은 연소실 형식은?

① 예연소실식 ② 공기실식
③ 직접분사실식 ④ 와류실식

58 지게차 운전 종료 후 점검 사항과 가장 거리가 먼 것은?

① 각종 게이지 ② 타이어의 손상 여부
③ 연료 보유량 ④ 오일누설 부위

59 지게차의 운전을 종료했을 때 취해야 할 안전 사항이 아닌 것은?

① 각종 레버는 중립에 둔다.
② 연료를 빼낸다.
③ 주차 브레이크를 작동시킨다.
④ 전원 스위치를 차단시킨다.

60 지게차가 자동차와 다르게 현가스프링을 사용하지 않는 이유를 설명한 것으로 옳은 것은?

① 롤링이 생기면 적하물이 떨어질 수 있기 때문에
② 현가장치가 있으면 조향이 어렵기 때문에
③ 화물에 충격을 줄여주기 위해
④ 앞차축이 구동축이기 때문에

답안 표기란

56	①	②	③	④
57	①	②	③	④
58	①	②	③	④
59	①	②	③	④
60	①	②	③	④

지게차운전기능사 필기 모의고사 ❷

수험번호 :
수험자명 :

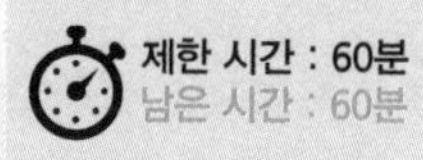

전체 문제 수 : 60
안 푼 문제 수 :

답안 표기란

1 ① ② ③ ④
2 ① ② ③ ④
3 ① ② ③ ④
4 ① ② ③ ④
5 ① ② ③ ④

1 **연소장치에서 혼합비가 희박할 때 기관에 미치는 영향은?**

① 저속 및 공회전이 원활해진다.
② 시동이 쉬워진다.
③ 출력(동력)이 감소한다.
④ 연소 속도가 빨라진다.

2 **지게차를 주차하고자 할 때 포크는 어떤 상태로 하면 안전한가?**

① 앞으로 3° 정도 경사지에 주차하고 마스트 전경각을 최대로 포크는 지면에 접하도록 내려놓는다.
② 평지에 주차하고 포크는 녹이 발생하는 것을 방지하기 위하여 10cm 정도 들어 놓는다.
③ 평지에 주차하면 포크의 위치는 상관없다.
④ 평지에 주차하고 포크는 지면에 접하도록 내려놓는다.

3 **벨트 전동장치에 내제된 위험적 요소로 의미가 다른 것은?**

① 트랩(Trap) ② 충격(Impact)
③ 접촉(Contact) ④ 말림(Entanglement)

4 **지게차 포크에 화물을 싣고 창고나 공장을 출입할 때의 주의 사항 중 틀린 것은?**

① 팔이나 몸을 차체 밖으로 내밀지 않는다.
② 차폭이나 출입구의 폭은 확인할 필요가 없다.
③ 주위 장애물 상태를 확인 후 이상이 없을 때 출입한다.
④ 화물이 출입구 높이에 닿지 않도록 주의한다.

5 **건설기계의 제동장치에 대한 정기 검사를 면제 받고자 하는 경우 첨부하여야 할 서류는?**

① 건설기계 매매업 신고서 ② 건설기계 제원표
③ 건설기계 폐기업 신고서 ④ 건설기계 제동장치 정비확인서

6 **지게차를 경사면에서 운전할 때 화물의 방향은?**

① 화물이 언덕 위쪽으로 가도록 한다.
② 화물이 언덕 아래쪽으로 가도록 한다.
③ 운전에 편리하도록 화물의 방향을 정한다.
④ 화물의 크기에 따라 방향이 정해진다.

7 **유압장치에 사용되는 유압기기에 대한 설명으로 틀린 것은?**

① 유압 모터 : 무한 회전운동
② 실린더 : 직선운동
③ 축압기 : 외부의 유압유 누출 방지
④ 유압 펌프 : 유압유의 압송

8 **기관 오일이 전달되지 않는 곳은?**

① 피스톤 링 ② 피스톤
③ 플라이 휠 ④ 피스톤 로드

9 **커먼 레일 연료 분사장치의 저압부에 속하지 않는 것은?**

① 커먼 레일 ② 연료 스트레이너
③ 1차 연료 공급 펌프 ④ 연료 펌프

10 **지게차의 전조등 성능을 유지하기 위하여 가장 좋은 방법은?**

① 단선으로 한다. ② 복선식으로 한다.
③ 축전지와 직결시킨다. ④ 굵은 선으로 갈아 끼운다.

11 **기관 과열의 주요 원인이 아닌 것은?**

① 라디에이터 코어의 막힘 ② 냉각장치 내부의 물때 과다
③ 냉각수의 부족 ④ 엔진 오일량 과다

답안 표기란	
6	① ② ③ ④
7	① ② ③ ④
8	① ② ③ ④
9	① ② ③ ④
10	① ② ③ ④
11	① ② ③ ④

12 「도로교통법」상 건설기계를 운전하여 도로를 주행할 때 서행에 대한 정의로 옳은 것은?

① 매시 60km 미만의 속도로 주행하는 것을 말한다.
② 운전자가 차를 즉시 정지시킬 수 있는 느린 속도로 진행하는 것을 말한다.
③ 정지거리 2m 이내에서 정지할 수 있는 경우를 말한다.
④ 매시 20km 이내로 주행하는 것을 말한다.

13 기동 전동기의 전기자 축으로부터 피니언으로는 동력이 전달되나 피니언으로부터 전기자 축으로는 동력이 전달되지 않도록 해주는 장치는?

① 오버 헤드 가드 ② 솔레노이드 스위치
③ 시프트 칼라 ④ 오버 러닝 클러치

14 대형 건설기계의 범위에 해당되지 않는 것은?

① 높이가 5m인 건설기계
② 총중량이 45톤인 건설기계
③ 최소 회전 반경이 13m인 건설기계
④ 길이가 16m인 건설기계

15 전해액 충전 시 20℃일 때 비중으로 틀린 것은?

① 25% 충전 : 1.150~1.170
② 50% 충전 : 1.190~1.210
③ 75% 충전 : 1.220~1.260
④ 완전 충전 : 1.260~1.280

16 「건설기계관리법」상 건설기계의 소유자는 건설기계를 취득한 날부터 얼마 이내에 건설기계 등록신청을 해야 하는가?

① 2개월 이내 ② 3개월 이내
③ 6개월 이내 ④ 1년 이내

답안 표기란

12 ① ② ③ ④
13 ① ② ③ ④
14 ① ② ③ ④
15 ① ② ③ ④
16 ① ② ③ ④

17 「도로교통법」상 안전표지가 아닌 것은?

① 주의표지 ② 규제표지
③ 안심표지 ④ 보조표지

18 건설기계의 전기회로의 보호 장치로 맞는 것은?

① 안전 밸브 ② 퓨저블 링크
③ 캠버 ④ 턴 시그널 램프

19 주차·정차가 금지되어 있지 않은 장소는?

① 교차로 ② 건널목
③ 횡단보도 ④ 경사로의 정상 부근

20 기관 오일량이 초기 점검 시 보다 증가하였다면 가장 적합한 원인은?

① 실린더의 마모 ② 오일의 연소
③ 오일 점도의 변화 ④ 냉각수의 유입

21 정차 및 주차 금지 장소에 해당되는 곳은?

① 교차로 가장자리로부터 15미터 지점
② 도로 모퉁이로부터 5미터 이내의 지점
③ 버스정류장 표시판으로부터 10미터 이상의 지점
④ 건널목 가장자리 또는 횡단보도로부터 10미터 이상의 지점

22 유압 회로에서 유량 제어를 통하여 작업 속도를 조절하는 방식에 속하지 않는 것은?

① 미터 인(Meter in) 방식 ② 미터 아웃(Meter out) 방식
③ 블리드 오프(Bleed off) 방식 ④ 블리드 온(Bleed on) 방식

23 시·도지사는 등록을 말소하고자 할 때에는 미리 그 뜻을 건설기계 소유자 및 이해관계자에게 통지하여야 하며 통지 후 얼마가 경과한 후가 아니면 이를 말소할 수 없는가?

① 1년 ② 6개월
③ 3개월 ④ 1개월

답안 표기란

17 ① ② ③ ④
18 ① ② ③ ④
19 ① ② ③ ④
20 ① ② ③ ④
21 ① ② ③ ④
22 ① ② ③ ④
23 ① ② ③ ④

24 유압 탱크의 구성품이 아닌 것은?

① 유면계　　② 배플

③ 피스톤 로드　　④ 주입구 캡

25 과급기 케이스 내부에 설치되며, 공기의 속도에너지를 압력에너지로 바꾸는 장치는?

① 임펠러　　② 디퓨저

③ 터빈　　④ 디플렉터

26 「도로교통법」상 술에 취한 상태의 기준은?

① 혈중 알코올 농도 0.03% 이상

② 혈중 알코올 농도 0.10% 이상

③ 혈중 알코올 농도 0.15% 이상

④ 혈중 알코올 농도 0.20% 이상

27 유압 모터의 가장 큰 장점은?

① 직접적으로 회전력을 얻는다.

② 무단 변속이 가능하다.

③ 압력 조정이 용이하다.

④ 오일 누출 방지가 용이하다.

28 그림의 회로 기호의 의미로 옳은 것은?

① 회전형 솔레노이드

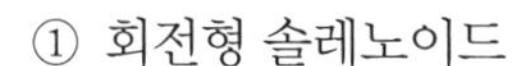

② 복동형 액추에이터

③ 단동형 액추에이터

④ 회전형 전기 액추에이터

29 지게차의 마스트를 기울일 때 갑자기 시동이 정지되면 어떤 밸브가 작동하여 그 상태를 유지하는가?

① 틸트 록 밸브　　② 스로틀 밸브

③ 리프트 밸브　　④ 틸트 밸브

답안 표기란

24 ① ② ③ ④

25 ① ② ③ ④

26 ① ② ③ ④

27 ① ② ③ ④

28 ① ② ③ ④

29 ① ② ③ ④

30 다음 중 양중기가 아닌 것은?

① 기중기　　② 지게차
③ 리프트　　④ 곤돌라

31 액추에이터의 운동 속도를 조정하기 위하여 사용되는 밸브는?

① 압력 제어 밸브　　② 온도 제어 밸브
③ 유량 제어 밸브　　④ 방향 제어 밸브

32 작업 장치를 갖춘 건설기계의 작업 전 점검사항이다. 틀린 것은?

① 제동장치 및 조종장치 기능의 이상 유무
② 하역장치 및 유압장치 기능의 이상 유무
③ 유압장치의 과열 이상 유무
④ 전조등, 후미등, 방향지시등 및 경보장치의 이상 유무

33 지게차의 화물 운반 방법 중 틀린 것은?

① 운반 중 마스트를 뒤로 4° 가량 경사시킨다.
② 경사지에서 화물을 운반할 때 내리막에서는 후진으로, 오르막에서는 전진으로 운행한다.
③ 운전 중 포크를 지면에서 20~30cm 정도 유지한다.
④ 화물을 적재하고 운반할 때에는 항상 후진으로 운행한다.

34 기계시설 안전 사항으로 적합하지 않은 것은?

① 회전 부분(기어, 벨트, 체인) 등은 위험하므로 반드시 커버를 씌워둔다.
② 발전기, 용접기, 엔진 등 장비는 한 곳에 모아서 배치한다.
③ 작업장의 통로는 근로자가 안전하게 다닐 수 있도록 정리정돈한다.
④ 작업장의 바닥은 보행에 지장을 주지 않도록 청결하게 유지한다.

35 체크 밸브가 내장되는 밸브로써 유압 회로의 한 방향의 흐름에 대해서는 설정된 배압을 생기게 하고 다른 방향의 흐름은 자유롭게 흐르도록 한 밸브는?

① 셔틀 밸브　　② 언로드 밸브
③ 카운터 밸런스 밸브　　④ 교축 밸브

답안 표기란

30	①	②	③	④
31	①	②	③	④
32	①	②	③	④
33	①	②	③	④
34	①	②	③	④
35	①	②	③	④

36 **지게차로 화물을 운반할 때 포크의 높이는 얼마 정도가 안전하고 적합한가?**

① 높이 관계없이 편리하게 한다.
② 지면으로부터 20~30cm정도 높이를 유지한다.
③ 지면으로부터 60~80cm정도 높이를 유지한다.
④ 지면으로부터 100cm 이상 높이를 유지한다.

37 **연삭작업 시 주의 사항으로 틀린 것은?**

① 숫돌 측면을 사용하지 않는다.
② 반드시 보안경을 쓰고 작업한다.
③ 연삭작업은 숫돌차의 정면에 서서 작업한다.
④ 연삭숫돌에 일감을 세게 눌러 작업하지 않는다.

38 **지게차에 대한 설명으로 틀린 것은?**

① 화물을 싣기 위해 마스트를 약간 전경시키고 포크를 끼워 물건을 싣는다.
② 틸트 레버는 앞으로 밀면 마스트가 앞으로 기울고 따라서 포크가 앞으로 기운다.
③ 포크를 상승시킬 때는 리프트 레버를 뒤쪽으로, 하강시킬 때는 앞쪽으로 민다.
④ 목적지에 도착 후 화물을 내리기 위해 틸트 실린더를 후경시켜 전진한다.

39 **유압 펌프의 종류가 아닌 것은?**

① 기어 펌프 ② 베인 펌프
③ 플런저 펌프 ④ 진공 펌프

40 **작업점에서 직접 사람이 접촉하여 말려들거나 다칠 위험이 있는 장소를 덮어씌우는 방호장치는?**

① 격리형 방호장치 ② 위치 제한형 방호장치
③ 포집형 방호장치 ④ 접근 거부형 방호장치

답안 표기란

36	① ② ③ ④
37	① ② ③ ④
38	① ② ③ ④
39	① ② ③ ④
40	① ② ③ ④

41 지게차에서 지켜야 할 안전 수칙으로 틀린 것은?

① 후진 시는 반드시 뒤를 살필 것
② 전진에서 후진 변속 시는 지게차가 정지된 상태에서 행할 것
③ 주·정차 시는 반드시 주차 브레이크를 작동시킬 것
④ 이동 시는 포크를 반드시 지상에서 높이 들고 이동할 것

42 산업안전보건에서 안전표지의 종류가 아닌 것은?

① 경고표지 ② 지시표지
③ 금지표지 ④ 위험표지

43 평탄한 노면에서의 지게차를 운전하여 하역작업을 하는 방법으로 옳지 않은 것은?

① 파렛트에 실은 화물이 안정되고 확실하게 실려 있는지를 확인한다.
② 포크를 삽입하고자 하는 곳과 평행하게 한다.
③ 불안정한 적재의 경우에는 빠르게 작업을 진행시킨다.
④ 화물 앞에서 정지한 후 마스트가 수직이 되도록 기울여야 한다.

44 기계에 사용되는 방호덮개 장치의 구비 조건으로 틀린 것은?

① 마모나 외부로부터 충격에 쉽게 손상되지 않을 것
② 작업자가 임의로 제거 후 사용할 수 있을 것
③ 검사나 급유·조정 등 정비가 용이할 것
④ 최소의 손질로 장시간 사용할 수 있을 것

45 지게차에 대한 설명으로 틀린 것은?

① 연료 탱크에 연료가 비어 있으면 연료 게이지는 “E”를 가리킨다.
② 오일 압력 경고등은 시동 후 워밍업되기 전에 점등되어야 한다.
③ 히터 시그널은 연소실 글로 플러그의 가열 상태를 표시한다.
④ 암페어 미터의 지침은 방전되면 (-)쪽을 가리킨다.

답안 표기란	
41	① ② ③ ④
42	① ② ③ ④
43	① ② ③ ④
44	① ② ③ ④
45	① ② ③ ④

46 안전·보건표지의 종류와 형태에서 그림의 안전표지판이 나타내는 것은?

① 사용 금지
② 탑승 금지
③ 보행 금지
④ 물체 이동 금지

47 지게차 화물 취급 작업 시 준수하여야 할 사항으로 틀린 것은?

① 화물 앞에서 일단 정지해야 한다.
② 화물의 근처에 왔을 때에는 가속 페달을 살짝 밟는다.
③ 파렛트에 실려 있는 물체의 안전한 적재 여부를 확인한다.
④ 지게차를 화물 쪽으로 반듯하게 향하고 포크가 파렛트를 마찰하지 않도록 주의한다.

48 긴 내리막을 내려갈 때 베이퍼 록을 방지하기 위한 좋은 운전 방법은?

① 변속 레버를 중립으로 놓고 브레이크 페달을 밟고 내려간다.
② 클러치를 끊고 브레이크 페달을 밟고 속도를 조절하며 내려간다.
③ 시동을 끄고 브레이크 페달을 밟고 내려간다.
④ 엔진 브레이크를 사용한다.

49 지게차의 작업장치 중 석탄, 소금, 비료, 모래 등 비교적 흘러내리기 쉬운 화물 운반에 이용되는 장치는?

① 블록 클램프(Block clamp)
② 사이드 시프트(Side shift)
③ 로테이팅 포크(Rotating fork)
④ 힌지드 버킷(Hinged bucket)

50 건설기계에서 변속기의 구비 조건으로 가장 적합한 것은?

① 대형이고, 고장이 없어야 한다.
② 조작이 쉬우므로 신속할 필요는 없다.
③ 연속적 변속에는 단계가 있어야 한다.
④ 전달 효율이 좋아야 한다.

답안 표기란
46 ① ② ③ ④
47 ① ② ③ ④
48 ① ② ③ ④
49 ① ② ③ ④
50 ① ② ③ ④

51 지게차 작업장치의 종류에 속하지 않는 것은?

① 하이 마스트　② 리퍼
③ 사이드 클램프　④ 힌지드 버킷

52 작업장에서 화물 운반 시 빈차와 짐차, 사람이 있다. 이때 통행의 우선순위는?

① 사람 → 짐차 → 빈차　② 빈차 → 짐차 → 사람
③ 사람 → 빈차 → 짐차　④ 짐차 → 빈차 → 사람

53 작업 전 지게차의 워밍업 운전 및 점검 사항으로 틀린 것은?

① 시동 후 작동유의 유온을 정상 범위 내에 도달하도록 고속으로 전·후진 주행을 2~3회 실시
② 엔진 시동 후 5분간 저속 운전 실시
③ 틸트 레버를 사용하여 전 행정으로 전후 경사운동 2~3회 실시
④ 리프트 레버를 사용하여 상승, 하강운동을 전 행정으로 2~3회 실시

54 금속 사이의 마찰을 방지하기 위한 방안으로 마찰계수를 저하시키기 위하여 사용되는 첨가제는?

① 방청제　② 유성 향상제
③ 점도 지수 향상제　④ 유동점 강하제

55 지게차 운행 사항으로 틀린 것은?

① 틸트는 적재물이 백 레스트에 완전히 닿도록 한 후 운행한다.
② 주행 중 노면 상태에 주의하고 노면이 고르지 않은 곳에서는 천천히 운행한다.
③ 내리막길에서 급회전을 삼간다.
④ 지게차의 중량 제한은 필요에 따라 무시해도 된다.

답안 표기란	
51	① ② ③ ④
52	① ② ③ ④
53	① ② ③ ④
54	① ② ③ ④
55	① ② ③ ④

56 건설기계관리법령상 건설기계를 검사 유효 기간이 끝난 후에 계속 운행하고자 할 때는 어느 검사를 받아야 하는가?

① 신규 등록 검사 ② 계속 검사
③ 수시 검사 ④ 정기 검사

57 지게차의 포크를 내리는 역할을 하는 부품은?

① 틸트 실린더 ② 리프트 실린더
③ 볼 실린더 ④ 조향 실린더

58 유성 기어 장치의 주요 부품으로 옳은 것은?

① 유성 기어, 베벨 기어, 선 기어
② 선 기어, 클러치 기어, 헬리컬 기어
③ 유성기어, 베벨 기어, 클러치 기어
④ 선 기어, 유성 기어, 링 기어, 유성 기어 캐리어

59 지게차의 구성 부품이 아닌 것은?

① 마스트 ② 밸런스 웨이트
③ 틸트 실린더 ④ 블레이드

60 유압이 진공에 가까워짐으로서 기포가 생기며 이로 인해 국부적인 고압이나 소음이 발생하는 현상은?

① 캐비테이션 현상 ② 시효 경화 현상
③ 맥동 현상 ④ 오리피스 현상

답안 표기란

56	①	②	③	④
57	①	②	③	④
58	①	②	③	④
59	①	②	③	④
60	①	②	③	④

지게차운전기능사 필기 모의고사 ❸

수험번호 :
수험자명 :

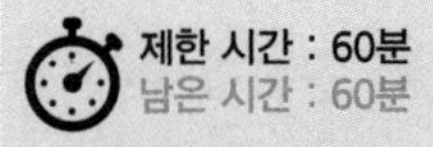

전체 문제 수 : 60
안 푼 문제 수 :

답안 표기란

1	① ② ③ ④
2	① ② ③ ④
3	① ② ③ ④
4	① ② ③ ④
5	① ② ③ ④

1 **건설기계 등록 말소신청 시 구비 서류에 해당되는 것은?**

① 수입면장
② 주민등록등본
③ 제작증명서
④ 건설기계 등록증

2 **지게차 작업장치의 종류에 속하지 않는 것은?**

① 하이 마스트
② 리퍼
③ 사이드 클램프
④ 힌지드 버킷

3 **재해조사 목적을 가장 옳게 설명한 것은?**

① 재해를 발생케 한 자의 책임을 추궁하기 위하여
② 재해발생에 대한 통계를 작성하기 위하여
③ 작업능률 향상과 근로기강 확립을 위하여
④ 적절한 예방대책을 수립하기 위하여

4 **폭발행정 끝부분에서 실린더 내의 압력에 의해 배기가스가 배기 밸브를 통해 배출되는 현상은?**

① 블로 백(Blow back)
② 블로 바이(Blow by)
③ 블로 업(Blow up)
④ 블로 다운(Blow down)

5 **크랭크축의 비틀림 진동에 대한 설명 중 틀린 것은?**

① 각 실린더의 회전력 변동이 클수록 크다.
② 크랭크축이 길수록 크다.
③ 회전 부분의 질량이 클수록 커진다.
④ 강성이 클수록 크다.

6 2행정 사이클 기관에만 해당되는 과정(행정)은?

① 소기 ② 흡입
③ 동력 ④ 압축

7 지게차의 충전장치에서는 어떤 발전기를 가장 많이 사용하는가?

① 3상 교류 발전기 ② 직류 발전기
③ 단상 교류 발전기 ④ 와전류 발전기

8 디젤엔진에서 연료를 고압으로 연소실에 분사하는 것은?

① 프라이밍 펌프 ② 분사노즐
③ 인젝션 펌프 ④ 조속기

9 기동전동기의 기능으로 틀린 것은?

① 기관을 구동시킬 때 사용한다.
② 플라이 휠의 링 기어에 기동전동기 피니언을 맞물려 크랭크축을 회전시킨다.
③ 축전지와 각부 전장품에 전기를 공급한다.
④ 기관의 시동이 완료되면 피니언을 링 기어로부터 분리시킨다.

10 디젤기관에 사용하는 에어클리너가 막혔을 때 발생되는 현상은?

① 배기색은 흰색이며, 출력을 증가한다.
② 배기색은 검은색이며, 출력은 저하된다.
③ 배기색은 흰색이며, 출력은 저하된다.
④ 배기색은 무색이며, 출력은 정상이다.

11 한쪽의 방향 지시등만 점멸이 빠르게 발생하는 원인은?

① 한쪽 램프의 단선 ② 플래셔 유닛 고장
③ 전조등 배선 접촉 불량 ④ 비상등 스위치 고장

답안 표기란

6	① ② ③ ④
7	① ② ③ ④
8	① ② ③ ④
9	① ② ③ ④
10	① ② ③ ④
11	① ② ③ ④

답안 표기란

12	① ② ③ ④
13	① ② ③ ④
14	① ② ③ ④
15	① ② ③ ④
16	① ② ③ ④
17	① ② ③ ④

12 4행정 사이클 기관에서 1사이클을 완료할 때 크랭크축은 몇 회전하는가?

① 1회전 ② 2회전
③ 3회전 ④ 4회전

13 충전 중인 축전지에 화기를 가까이 하면 위험한 이유는?

① 수소가스가 폭발성 가스이기 때문에
② 산소가스가 폭발성 가스이기 때문에
③ 충전기가 폭발될 위험이 있기 때문에
④ 전해액이 폭발성 액체이기 때문에

14 차로가 설치된 도로에서 통행 방법을 위반한 것은?

① 두 개의 차로에 걸쳐 운행하였다.
② 차로를 따라 통행하였다.
③ 택시가 건설기계를 앞지르기 하였다.
④ 경찰관의 지시에 따라 중앙 좌측으로 진행하였다.

15 유압장치에서 비정상 소음이 나는 원인으로 가장 적합한 것은?

① 유압장치에 공기가 들어있다.
② 유압 펌프의 회전 속도가 적절하다.
③ 점도 지수가 높다.
④ 무부하 운전 중이다.

16 축압기(Accumulator)의 사용 목적이 아닌 것은?

① 보조 동력원으로 사용 ② 압력 보상
③ 유체의 맥동 감쇠 ④ 유압 회로 내 압력 제어

17 철길 건널목 통과 방법으로 틀린 것은?

① 건널목 앞에서 일시정지하여 안전한지 여부를 확인한 후 통과한다.
② 차단기가 내려지려고 할 때에는 통과하여서는 안 된다.
③ 경보기가 울리고 있는 동안에는 통과하여서는 아니 된다.
④ 건널목에서 앞차가 서행하면서 통과할 때에는 그 차를 따라 서행한다.

18 소유자의 신청이나 시·도지사의 직권으로 건설기계의 등록을 말소할 수 있는 경우가 아닌 것은?

① 건설기계를 수출하는 경우
② 건설기계를 도난당한 경우
③ 건설기계 정기 검사에 불합격된 경우
④ 건설기계의 차대가 등록 시의 차대와 다른 경우

19 지게차의 뒷부분에 설치되어 화물을 실었을 때 앞쪽으로 기울어지는 것을 방지하기 위하여 설치되어 있는 것은?

① 기관　② 클러치
③ 변속기　④ 평형추

20 건설기계를 등록 전에 일시적으로 운행할 수 있는 경우가 아닌 것은?

① 신규 등록 검사 및 확인 검사를 받기 위하여 건설기계를 검사 장소로 운행하는 경우
② 수출하기 위하여 건설기계를 선적지로 운행하는 경우
③ 건설기계를 대여하고자 하는 경우
④ 등록신청을 위하여 건설기계를 등록지로 운행하는 경우

21 편도 3차로 도로의 부근에서 적색등화의 신호가 표시되고 있을 때 교통법규 위반에 해당되는 것은?

① 화물자동차가 좌측 방향 지시등으로 신호하면서 1차로에서 신호 대기
② 승합자동차가 2차로에서 신호 대기
③ 승용차가 2차로에서 신호 대기
④ 택시가 우측 방향 지시등으로 신호하면서 2차로에서 신호 대기

22 일반적으로 유압장치에서 릴리프 밸브가 설치되는 위치는?

① 유압 실린더와 오일 여과기 사이
② 유압 펌프와 오일 탱크 사이
③ 유압 펌프와 제어 밸브 사이
④ 오일 여과기와 오일 탱크 사이

답안 표기란

18 ① ② ③ ④
19 ① ② ③ ④
20 ① ② ③ ④
21 ① ② ③ ④
22 ① ② ③ ④

23 대형건설 기계의 범위에 속하지 않은 것은?

① 길이가 17m인 건설기계
② 너비가 3m인 건설기계
③ 최소 회전 반경이 13m인 건설기계
④ 높이가 3m인 건설기계

24 유압장치의 오일 탱크에서 펌프 흡입구의 설치에 대한 설명으로 틀린 것은?

① 펌프 흡입구는 반드시 탱크 가장 밑면에 설치한다.
② 펌프 흡입구와 탱크로의 귀환구(복귀구) 사이에는 격리판(Baffle plate)을 설치한다.
③ 펌프 흡입구는 탱크로의 귀환구(복귀구)로부터 될 수 있는 한 멀리 떨어진 위치에 설치한다.
④ 펌프 흡입구에는 스트레이너(오일 여과기)를 설치한다.

25 건설기계 소유자 또는 점유자가 건설기계를 도로에 계속하여 버려두거나 정당한 사유 없이 타인의 토지에 버려둔 경우의 처벌은?

① 1년 이하의 징역 또는 1000만 원 이하의 벌금
② 1년 이하의 징역 또는 400만 원 이하의 벌금
③ 1년 이하의 징역 또는 500만 원 이하의 벌금
④ 1년 이하의 징역 또는 200만 원 이하의 벌금

26 「도로교통법」상 정차 및 주차의 금지 장소로 틀린 것은?

① 버스정류장 표시판으로부터 20m 이내의 장소
② 건널목의 가장자리
③ 교차로의 가장자리
④ 횡단보도로부터 10m 이내의 곳

27 현장에서 오일의 오염도 판정 방법 중 가열한 철판 위에 오일을 떨어뜨리는 방법은 오일의 무엇을 판정하기 위한 방법인가?

① 먼지나 이물질 함유　② 오일의 열화
③ 수분 함유　④ 산성도

답안 표기란

23	①	②	③	④
24	①	②	③	④
25	①	②	③	④
26	①	②	③	④
27	①	②	③	④

28 교통사고 발생 후 벌점기준으로 틀린 것은?

① 중상 1명마다 30점　② 사망 1명마다 90점
③ 경상 1명마다 5점　④ 부상신고 1명마다 2점

29 유압 회로에서 작동유의 정상 작동 온도에 해당되는 것은?

① 5~10℃　② 40~80℃
③ 112~115℃　④ 125~140℃

30 기어 모터의 장점에 해당하지 않는 것은?

① 구조가 간단하다.
② 먼지나 이물질에 의한 고장 발생률이 낮다.
③ 토크 변동이 크다.
④ 가혹한 운전 조건에서 비교적 잘 견딘다.

31 선반작업, 드릴작업, 목공기계작업, 연삭작업, 해머작업 등을 할 때 착용하면 불안전한 보호구는?

① 귀마개　② 방진 안경
③ 장갑　④ 차광 안경

32 작업장의 정리·정돈에 대한 설명으로 틀린 것은?

① 통로 한쪽에 물건을 보관한다.
② 사용이 끝난 공구는 즉시 정리한다.
③ 폐자재는 지정된 장소에 보관한다.
④ 공구 및 재료는 일정한 장소에 보관한다.

33 지게차의 마스트를 전경 또는 후경시키는 작용을 하는 것은?

① 조향 실린더　② 리프트 실린더
③ 마스터 실린더　④ 틸트 실린더

답안 표기란

28	①	②	③	④
29	①	②	③	④
30	①	②	③	④
31	①	②	③	④
32	①	②	③	④
33	①	②	③	④

34 지게차의 리프트 실린더(Lift cylinder) 작동회로에서 플로 프로텍터(벨로시티 퓨즈)를 사용하는 주된 목적은?

① 컨트롤 밸브와 리프터 실린더 사이에서 배관 파손 시 적재물 급강하를 방지한다.
② 포크의 정상 하강 시 천천히 내려올 수 있게 한다.
③ 짐을 하강할 때 신속하게 내려올 수 있도록 작용한다.
④ 리프트 실린더 회로에서 포크 상승 중 중간 정지 시 내부 누유를 방지한다.

35 납산 배터리 액체를 취급하기에 가장 적합한 복장은?

① 고무로 만든 옷
② 가죽으로 만든 옷
③ 무명으로 만든 옷
④ 화학섬유로 만든 옷

36 지게차 조종석 계기판에 없는 것은?

① 연료계
② 냉각수 온도계
③ 화물 체적계
④ 엔진 회전속도(rpm)게이지

37 체인이나 벨트, 풀리 등에서 일어나는 사고로 기계의 운동 부분 사이에 신체가 끼는 사고는?

① 접촉
② 충격
③ 얽힘
④ 협착

38 작업 시 보안경 착용에 대한 설명으로 틀린 것은?

① 아크용접을 할 때는 보안경을 착용해야 한다.
② 절단하거나 깎는 작업을 할 때는 보안경을 착용해서는 안 된다.
③ 가스용접을 할 때는 보안경을 착용해야 한다.
④ 특수용접을 할 때는 보안경을 착용해야 한다.

답안 표기란

34	① ② ③ ④
35	① ② ③ ④
36	① ② ③ ④
37	① ② ③ ④
38	① ② ③ ④

39 **지게차에 화물을 적재하고 주행할 때의 주의 사항으로 틀린 것은?**

① 급한 고갯길을 내려갈 때는 변속 레버를 중립에 두거나 엔진을 끄고 타력으로 내려간다.
② 포크나 카운터 웨이트 등에 사람을 태우고 주행해서는 안 된다.
③ 전방 시야가 확보되지 않을 때는 후진으로 진행하면서 경적을 울리며 천천히 주행한다.
④ 험한 땅, 좁은 통로, 고갯길 등에서는 급발진, 급제동, 급선회하지 않는다.

40 **V-벨트나 평 벨트 또는 기어가 회전하면서 접선 방향으로 물리는 장소에 설치되는 방호장치는?**

① 위치 제한형 방호장치 ② 접근 반응형 방호장치
③ 덮개형 방호장치 ④ 격리형 방호장치

41 **지게차에서 엔진이 정지되었을 때 레버를 밀어도 마스트가 경사되지 않도록 하는 것은?**

① 벨 크랭크 기구 ② 틸트 록 장치
③ 체크 밸브 ④ 스태빌라이저

42 **수동 변속기에서 로킹 볼(Locking ball)이 마멸되면 어떻게 되는가?**

① 기어가 이중으로 물린다.
② 변속 기어의 백 래시 유격이 크게 된다.
③ 기어가 빠지기 쉽다.
④ 변속할 때 소리가 난다.

43 **지게차 포크를 하강시키는 방법으로 가장 적합한 것은?**

① 가속 페달을 밟고 리프트 레버를 앞으로 민다.
② 가속 페달을 밟고 리프트 레버를 뒤로 당긴다.
③ 가속 페달을 밟지 않고 리프트 레버를 뒤로 당긴다.
④ 가속 페달을 밟지 않고 리프트 레버를 앞으로 민다.

답안 표기란

39	①	②	③	④
40	①	②	③	④
41	①	②	③	④
42	①	②	③	④
43	①	②	③	④

44 작업장 화재 발생 시 조치 사항으로 가장 적절하지 않은 것은?

① 소화기를 사용하여 초기진화를 한다.
② 주변 작업자에게 알려 대피를 유도한다.
③ 신속히 화재 신고를 한다.
④ 작업장의 주변을 청소한다.

45 지게차의 화물 운반 작업으로 가장 적당한 것은?

① 댐퍼를 뒤로 3° 정도 경사시켜서 운반한다.
② 마스트를 뒤로 6° 정도 경사시켜서 운반한다.
③ 샤퍼를 뒤로 6° 정도 경사시켜서 운반한다.
④ 바이브레이터를 뒤로 8° 정도 경사시켜서 운반한다.

46 지게차 주행 시 주의해야 할 사항 중 틀린 것은?

① 화물을 포크에 싣고 주행할 때는 절대로 속도를 내서는 안 된다.
② 노면 상태에 따라 충분한 주의를 하여야 한다.
③ 적하장치에 사람을 태워서는 안 된다.
④ 포크의 끝은 밖으로 경사지게 한다.

47 지게차에서 조향 바퀴의 얼라인먼트의 요소와 관계없는 것은?

① 캠버 ② 부스터
③ 토인 ④ 캐스터

48 지게차에 대한 설명으로 틀린 것은?

① 암페어 미터의 지침은 방전되면 (-)쪽을 가리킨다.
② 오일 압력 경고등은 시동 후 워밍업되기 전에 점등되어야 한다.
③ 연료 탱크에 연료가 비어 있으면 연료게이지는 "E" 를 가리킨다.
④ 히터 시그널은 연소실 글로 플러그의 가열상태를 표시한다.

49 운전 중 좁은 장소에서 지게차를 방향 전환시킬 때 가장 주의할 점으로 옳은 것은?

① 뒷바퀴 회전에 주의하여 방향을 전환한다.
② 포크 높이를 높게 하여 방향을 전환한다.
③ 앞바퀴 회전에 주의하여 방향을 전환한다.
④ 포크가 땅에 닿도록 내리고 방향을 전환한다.

답안 표기란

44	① ② ③ ④
45	① ② ③ ④
46	① ② ③ ④
47	① ② ③ ④
48	① ② ③ ④
49	① ② ③ ④

50 지게차의 운전 장치를 조작하는 동작의 설명으로 틀린 것은?

① 전·후진 레버를 앞으로 밀면 후진이 된다.
② 틸트 레버를 뒤로 당기면 마스트는 뒤로 기운다.
③ 리프트 레버를 앞으로 밀면 포크가 내려간다.
④ 전·후진 레버를 뒤로 당기면 후진이 된다.

51 그림의 공·유압 기호는 무엇을 표시하는가?

① 전자·공기압 파일럿
② 전자·유압 파일럿
③ 유압 2단 파일럿
④ 유압 가변 파일럿

52 유압 펌프에서 회전수가 같을 때 토출 유량이 변하는 펌프는?

① 가변 용량형 펌프
② 기어 펌프
③ 프로펠러 펌프
④ 정용량형 펌프

53 지게차 운전 종료 후 점검 사항과 가장 거리가 먼 것은?

① 각종 게이지
② 타이어의 손상 여부
③ 연료 보유량
④ 오일누설 부위

54 작업 전 지게차의 워밍업 운전 및 점검 사항으로 틀린 것은?

① 시동 후 작동유의 유온을 정상 범위 내에 도달하도록 고속으로 전·후진 주행을 2~3회 실시
② 엔진 시동 후 5분간 저속 운전 실시
③ 틸트 레버를 사용하여 전 행정으로 전후 경사운동을 2~3회 실시
④ 리프트 레버를 사용하여 상승 및 하강 운동을 전 행정으로 2~3회 실시

답안 표기란

50	① ② ③ ④
51	① ② ③ ④
52	① ② ③ ④
53	① ② ③ ④
54	① ② ③ ④

55 유압 회로의 속도 제어 회로와 관계없는 것은?

① 오픈 센터 회로 ② 블리드 오프 회로
③ 미터 아웃 회로 ④ 미터 인 회로

56 지게차 스프링장치에 대한 설명으로 옳은 것은?

① 탠덤 드라이브장치이다.
② 코일 스프링장치이다.
③ 판 스프링장치이다.
④ 스프링장치가 없다.

57 지게차 조종 레버가 아닌 것은?

① 로어링(Lowering) ② 덤핑(Dumping)
③ 리프팅(Lifting) ④ 틸팅(Tilting)

58 드릴작업 시 주의 사항으로 틀린 것은?

① 작업이 끝나면 드릴을 척에서 빼놓는다.
② 칩을 털어낼 때는 칩 털이를 사용한다.
③ 공작물은 움직이지 않게 고정한다.
④ 드릴이 움직일 때는 칩을 손으로 치운다.

59 사고를 일으킬 수 있는 직접적인 재해의 원인은?

① 경험, 훈련 미숙 ② 안전 의식 부족
③ 인원 배치 부적당 ④ 위험 장소 접근

60 지게차의 유압 복동 실린더에 대한 설명 중 틀린 것은?

① 싱글 로드형이 있다.
② 더블 로드형이 있다.
③ 수축은 자중이나 스프링에 의해서 이루어진다.
④ 피스톤의 양방향으로 유압을 받아 늘어난다.

답안 표기란

55	①	②	③	④
56	①	②	③	④
57	①	②	③	④
58	①	②	③	④
59	①	②	③	④
60	①	②	③	④

지게차운전기능사 필기 모의고사 ❹

수험번호 :

수험자명 :

제한 시간 : 60분
남은 시간 : 60분

전체 문제 수 : 60
안 푼 문제 수 :

답안 표기란

1	① ② ③ ④
2	① ② ③ ④
3	① ② ③ ④
4	① ② ③ ④
5	① ② ③ ④

1 지게차 운전 시 유의 사항으로 적합하지 않은 것은?

① 내리막길에서는 급회전을 하시 않는다.
② 화물 적재 후 최고속 주행을 하여 작업 능률을 높인다.
③ 운전석에는 운전자 이외는 승차하지 않는다.
④ 면허 소지자 이외는 운전하지 못하도록 한다.

2 지게차로 파렛트의 화물을 이동시킬 때 주의할 점으로 틀린 것은?

① 작업 시 클러치 페달을 밟고 작업한다.
② 적재 장소에 물건 등이 있는지 살핀다.
③ 포크를 파렛트에 평행하게 넣는다.
④ 포크를 적당한 높이까지 올린다.

3 엔진 오일의 압력이 낮은 원인이 아닌 것은?

① 플라이밍 펌프의 파손
② 오일 파이프의 파손
③ 오일 펌프의 고장
④ 오일에 다량의 연료 혼입

4 자동차 전용도로의 정의로 가장 적합한 것은?

① 자동차 고속 주행에만 이용되는 도로
② 자동차만 다닐 수 있도록 설치된 도로
③ 보도와 차도의 구분이 있는 도로
④ 보도와 차도의 구분이 없는 도로

5 건설기계 정기 검사 연기 사유가 아닌 것은?

① 건설기계를 도난당했을 때
② 건설기계를 건설현장에 투입했을 때
③ 건설기계의 사고가 발생했을 때
④ 1월 이상에 걸친 정비를 하고 있을 때

6 **지게차 작업 방법 중 틀린 것은?**

① 경사 길에서 내려올 때에는 후진으로 주행한다.
② 주행 방향을 바꿀 때에는 완전 정지 또는 저속에서 행한다.
③ 틸트는 적재물이 백 레스트에 완전히 닿도록 하고 운행한다.
④ 조향륜이 지면에서 5cm 이하로 떨어졌을 때에는 밸런스 카운터 중량을 높인다.

7 **지게차로 적재작업을 할 때 유의 사항으로 틀린 것은?**

① 운반하려고 하는 화물 가까이 가면 주행 속도를 줄인다.
② 화물 앞에서 일단 정지한다.
③ 화물이 무너지거나 파손 등의 위험성 여부를 확인한다.
④ 화물을 높이 들어 올려 아랫부분을 확인하며 천천히 출발한다.

8 **축전지의 소비된 전기에너지를 보충하기 위한 충전 방법이 아닌 것은?**

① 정전류 충전 ② 정전압 충전
③ 급속 충전 ④ 초 충전

9 **소음기나 배기관 내부에 많은 양의 카본이 부착되면 배압은 어떻게 되는가?**

① 저속에서는 높아졌다가 고속에서는 낮아진다.
② 높아진다.
③ 낮아진다.
④ 영향을 미치지 않는다.

10 **배선의 색과 기호에서 파랑색(Blue)의 기호는?**

① B ② R
③ L ④ G

답안 표기란

6	①	②	③	④
7	①	②	③	④
8	①	②	③	④
9	①	②	③	④
10	①	②	③	④

답안 표기란

11 ① ② ③ ④
12 ① ② ③ ④
13 ① ② ③ ④
14 ① ② ③ ④
15 ① ② ③ ④

11 건설기계 관리법에서 건설기계 조종사 면허의 취소 처분기준이 아닌 것은?

① 건설기계 조종 중 고의로 1명에게 경상을 입힌 때
② 거짓 그 밖의 부정한 방법으로 건설기계 조종사 면허를 받은 때
③ 건설기계 조종 중 고의 또는 과실로 가스 공급시설의 기능에 장애를 입혀 가스공급을 방해한 자
④ 건설기계 조종사 면허의 효력정지 기간 중 건설기계를 조종한 때

12 냉각장치에서 냉각수가 줄어드는 원인과 정비방법으로 틀린 것은?

① 워터 펌프 불량 : 조정
② 서머스타트 하우징 불량 : 개스킷 및 하우징 교체
③ 히터 혹은 라디에이터 호스 불량 : 수리 및 부품 교환
④ 라디에이터 캡 불량 : 부품 교환

13 건설기계를 도난당한 때 등록 말소 사유 확인 서류로 적당한 것은?

① 수출신용장
② 봉인 및 번호판
③ 주민등록 등본
④ 경찰서장이 발생한 도난 신고 접수 확인원

14 정(Chisel) 작업 시 안전 수칙으로 부적합한 것은?

① 차광 안경을 착용한다.
② 기름을 깨끗이 닦은 후에 사용한다.
③ 머리가 벗겨진 것은 사용하지 않는다.
④ 담금질한 재료를 정으로 처서는 안 된다.

15 일반화재 발생 장소에서 화염이 있는 곳을 대피하기 위한 요령이다. 보기 항에서 맞는 것을 모두 고른 것은?

보기
ⓐ 머리카락, 얼굴, 발, 손 등을 불과 닿지 않게 한다.
ⓑ 수건에 물을 적셔 코와 입을 막고 탈출한다.
ⓒ 몸을 낮게 엎드려서 통과한다.
ⓓ 옷을 물로 적시고 통과한다.

① ⓐ, ⓒ
② ⓐ, ⓑ, ⓒ, ⓓ
③ ⓐ, ⓑ, ⓒ
④ ⓐ

16 디젤기관의 연료 분사 펌프에서 연료 분사량 조정 방법은?

① 컨트롤 슬리브와 피니언의 관계 위치를 변화하여 조정
② 프라이밍 펌프를 조정
③ 플런저 스프링의 장력 조정
④ 리밋 슬리브를 조정

17 건설기계 조종사면허를 거짓이나 그 밖의 부정한 방법으로 받았거나, 건설기계를 도로나 타인의 토지에 버려두어 방치한 자에 대해 적용하는 벌칙은?

① 1000만 원 이하의 벌금
② 2년 이하의 징역 또는 1000만 원 이하의 벌금
③ 1년 이하의 징역 또는 1000만 원 이하의 벌금
④ 2000만 원 이하의 벌금

18 엔진이 시동된 다음에는 피니언이 공회전하여 링 기어에 의해 엔진의 회전력이 기동전동기에 전달되지 않도록 하는 장치는?

① 피니언 ② 전기자
③ 오버러닝 클러치 ④ 정류자

19 작동유가 넓은 온도 범위에서 사용되기 위한 조건으로 옳은 것은?

① 산화 작용이 양호해야 한다. ② 점도 지수가 높아야 한다.
③ 소포성이 좋아야 한다. ④ 유성이 커야 한다.

20 「도로교통법」에 위반되는 행위는?

① 철길 건널목 바로 전에 일시정지하였다.
② 다리 위에서 앞지르기를 하였다.
③ 주간에 방향을 전환할 때 방향 지시등을 켰다.
④ 야간에 차가 서로 마주보고 진행할 때 전조등의 광도를 감하였다.

답안 표기란

16	① ② ③ ④
17	① ② ③ ④
18	① ② ③ ④
19	① ② ③ ④
20	① ② ③ ④

21 디젤기관에서 회전 속도에 따라 연료의 분사 시기를 조절하는 장치는?

① 타이머　② 과급기
③ 기화기　④ 조속기

22 도체 내의 전류의 흐름을 방해하는 성질은?

① 전하　② 전류
③ 전압　④ 저항

23 유압 탱크의 주요 구성 요소가 아닌 것은?

① 유면계　② 주입구
③ 유압계　④ 격판(배플)

24 최고 주행 속도 15km/h 미만의 타이어식 건설기계가 반드시 갖추어야 할 조명장치가 아닌 것은?

① 후부반사기　② 제동등
③ 전조등　④ 비상 점멸 표시등

25 공기청정기의 종류 중 특히 먼지가 많은 지역에 적합한 공기청정기는?

① 건식　② 유조식
③ 복합식　④ 습식

26 주차 및 정차금지 장소는 건널목의 가장자리로부터 몇 미터 이내인 곳인가?

① 50m　② 10m
③ 30m　④ 40m

답안 표기란

21	①	②	③	④
22	①	②	③	④
23	①	②	③	④
24	①	②	③	④
25	①	②	③	④
26	①	②	③	④

27 유압장치에서 가변용량형 유압 펌프의 기호는?

① 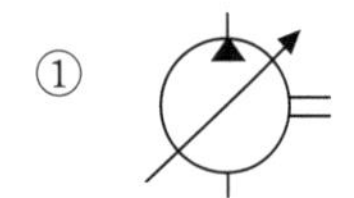
② 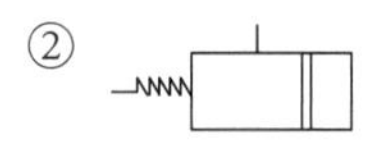
③ 
④ 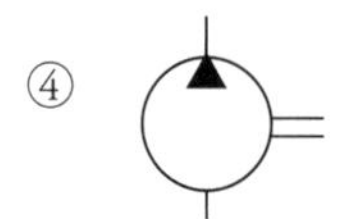

28 자체중량에 의한 자유낙하 등을 방지하기 위하여 회로에 배압을 유지하는 밸브는?

① 카운터 밸런스 밸브 ② 체크 밸브
③ 안전 밸브 ④ 감압 밸브

29 건설기계를 운전하여 교차로에서 우회전을 하려고 할 때 가장 적합한 것은?

① 우회전은 신호가 필요 없으며, 보행자를 피하기 위해 빠른 속도로 진행한다.
② 신호를 행하면서 서행으로 주행하여야 하며, 교통신호에 따라 횡단하는 보행자의 통행을 방해하여서는 아니 된다.
③ 우회전은 언제 어느 곳에서나 할 수 있다.
④ 우회전 신호를 행하면서 빠르게 우회전한다.

30 유압이 진공에 가까워짐으로서 기포가 생기며, 이로 인해 국부적인 고압이나 소음이 발생하는 현상을 무엇이라 하는가?

① 오리피스 현상 ② 담금질 현상
③ 캐비테이션 현상 ④ 시효 경화 현상

31 유압 실린더의 종류에 해당하지 않는 것은?

① 복동 실린더 더블 로드형 ② 복동 실린더 싱글 로드형
③ 단동 실린더 배플형 ④ 단동 실린더 램형

32 재해 발생 원인 중 직접 원인이 아닌 것은?

① 기계 배치의 결함 ② 불량 공구 사용
③ 교육 훈련 미숙 ④ 작업 조명의 불량

답안 표기란	
27	① ② ③ ④
28	① ② ③ ④
29	① ② ③ ④
30	① ② ③ ④
31	① ② ③ ④
32	① ② ③ ④

33 안전·보건표지에서 안내표지의 바탕색은?

① 백색 ② 적색
③ 녹색 ④ 흑색

34 유압 계통에서 오일 누설 시의 점검 사항이 아닌 것은?

① 유압유의 윤활성 ② 실(Seal)의 마모
③ 볼트의 이완 ④ 실(Seal)의 파손

35 유압 펌프에서 사용되는 GPM의 의미는?

① 계통 내에서 형성되는 압력의 크기
② 복동 실린더의 치수
③ 분당 토출하는 작동유의 양
④ 흐름에 대한 저항

36 지게차에서 적재 상태의 마스트 경사로 적합한 것은?

① 뒤로 기울어지도록 한다.
② 앞으로 기울어지도록 한다.
③ 진행 좌측으로 기울어지도록 한다.
④ 진행 우측으로 기울어지도록 한다.

37 지게차 리프트 실린더의 주된 역할은?

① 마스터를 틸트시킨다.
② 마스터를 하강 이동시킨다.
③ 포크를 상승·하강시킨다.
④ 포크를 앞뒤로 기울게 한다.

38 장갑을 끼고 작업할 때 가장 위험한 작업은?

① 건설기계 운전 작업 ② 오일 교환 작업
③ 해머 작업 ④ 타이어 교환 작업

답안 표기란
33 ① ② ③ ④
34 ① ② ③ ④
35 ① ② ③ ④
36 ① ② ③ ④
37 ① ② ③ ④
38 ① ② ③ ④

39 **유압 모터의 장점이 아닌 것은?**

① 관성력이 크며, 소음이 크다.
② 전동 모터에 비하여 급속 정지가 쉽다.
③ 광범위한 무단 변속을 얻을 수 있다.
④ 작동이 신속·정확하다.

40 **오일 탱크 내의 오일을 전부 배출시킬 때 사용하는 것은?**

① 드레인 플러그　　② 배플
③ 어큐뮬레이터　　④ 리턴 라인

41 **보기는 재해 발생 시 조치 요령이다. 조치 순서로 알맞은 것은?**

보기	ⓐ 운전 정지	ⓑ 관련된 또 다른 재해 방지
	ⓒ 피해자 구조	ⓓ 응급처치

① ⓐ → ⓑ → ⓒ → ⓓ　　② ⓒ → ⓑ → ⓓ → ⓐ
③ ⓒ → ⓓ → ⓐ → ⓑ　　④ ⓐ → ⓒ → ⓓ → ⓑ

42 **안전적인 측면에서 병 속에 들어있는 약품을 냄새로 알아보고자 할 때 가장 좋은 방법은?**

① 내용물을 조금 쏟아서 확인한다.
② 손바람을 이용하여 확인한다.
③ 숟가락으로 약간 떠내어 냄새를 직접 맡아본다.
④ 종이로 적셔서 알아본다.

43 **제동장치의 기능을 설명한 것으로 틀린 것은?**

① 속도를 감속시키거나 정지시키기 위한 장치이다.
② 독립적으로 작동시킬 수 있는 2계통의 제동장치가 있다.
③ 급제동 시 노면으로부터 발생되는 충격을 흡수하는 장치이다.
④ 경사로에서 정지된 상태를 유지할 수 있는 구조이다.

답안 표기란

39	① ② ③ ④
40	① ② ③ ④
41	① ② ③ ④
42	① ② ③ ④
43	① ② ③ ④

44 지게차가 자동차와 다르게 현가 스프링을 사용하지 않는 이유를 설명한 것으로 옳은 것은?

① 롤링이 생기면 적하물이 떨어질 수 있기 때문에
② 현가장치가 있으면 조향이 어렵기 때문에
③ 화물에 충격을 줄여주기 위해
④ 앞차축이 구동축이기 때문에

45 지게차의 마스트를 전경 또는 후경시키는 작용을 하는 것은?

① 조향 실린더
② 리프트 실린더
③ 마스터 실린더
④ 틸트 실린더

46 적색 원형으로 만들어지는 안전표지판은?

① 경고표시
② 안내표시
③ 지시표시
④ 금지표시

47 양중기에 해당되지 않는 것은?

① 곤돌라
② 크레인
③ 리프트
④ 지게차

48 지게차에 화물을 적재하고 주행할 때의 주의 사항으로 틀린 것은?

① 급한 고갯길을 내려갈 때는 변속 레버를 중립에 두거나 엔진을 끄고 타력으로 내려간다.
② 포크나 카운터 웨이트 등에 사람을 태우고 주행해서는 안 된다.
③ 전방 시야가 확보되지 않을 때는 후진으로 진행하면서 경적을 울리며 천천히 주행한다.
④ 험한 땅, 좁은 통로, 고갯길 등에서는 급발진, 급제동, 급선회하지 않는다.

49 납산 배터리 액체를 취급하기에 가장 적합한 복장은?

① 고무로 만든 옷
② 가죽으로 만든 옷
③ 무명으로 만든 옷
④ 화학섬유로 만든 옷

답안 표기란

44	①	②	③	④
45	①	②	③	④
46	①	②	③	④
47	①	②	③	④
48	①	②	③	④
49	①	②	③	④

50 지게차의 운전방법으로 틀린 것은?

① 화물 운반 시 내리막길은 후진으로 오르막길은 전진으로 주행한다.
② 화물 운반 시 포크는 지면에서 20~30cm 가량 띄운다.
③ 화물 운반 시 마스트를 뒤로 4° 가량 경사시킨다.
④ 화물 운반은 항상 후진으로 주행한다.

51 클러치 디스크 구조에서 댐퍼 스프링 작용으로 옳은 것은?

① 클러치 작용 시 회전력을 증가시킨다.
② 클러치 디스크의 마멸을 방지한다.
③ 압력판의 마멸을 방지한다.
④ 클러치 작용 시 회전 충격을 흡수한다.

52 지게차에서 리프트 실린더의 상승력이 부족한 원인과 거리가 먼 것은?

① 오일 필터의 막힘
② 유압 펌프의 불량
③ 리프트 실린더에서 유압유 누출
④ 틸트 로크 밸브의 밀착 불량

53 지게차의 포크 양쪽 중 한쪽이 낮아졌을 경우에 해당되는 원인은?

① 체인의 늘어짐 ② 사이드 롤러의 과다한 마모
③ 실린더의 마모 ④ 윤활유 불충분

54 토크 컨버터에 사용되는 오일의 구비 조건이 아닌 것은?

① 착화점이 낮을 것 ② 비중이 클 것
③ 비점이 높을 것 ④ 점도가 낮을 것

55 지게차 인칭 조절장치에 대한 설명으로 옳은 것은?

① 트랜스미션 내부에 있다.
② 브레이크 드럼 내부에 있다.
③ 디셀레이터 페달이다.
④ 작업장치의 유압 상승을 억제한다.

답안 표기란	
50	① ② ③ ④
51	① ② ③ ④
52	① ② ③ ④
53	① ② ③ ④
54	① ② ③ ④
55	① ② ③ ④

56 **지게차에서 주행 중 조향 핸들이 떨리는 원인으로 가장 거리가 먼 것은?**

① 타이어 밸런스가 맞지 않을 때
② 휠이 휘었을 때
③ 스티어링 기어의 마모가 심할 때
④ 포크가 휘었을 때

57 **지게차 작업 시 안전 수칙으로 틀린 것은?**

① 주차 시에는 포크를 완전히 지면에 내려야 한다.
② 화물을 적재하고 경사지를 내려갈 때는 운전 시야 확보를 위해 전진으로 운행해야 한다.
③ 포크를 이용하여 사람을 싣거나 들어 올리지 않아야 한다.
④ 경사지를 오르거나 내려올 때는 급회전을 금해야 한다.

58 **지게차의 화물 운반작업 중 가장 적당한 것은?**

① 댐퍼를 뒤로 3° 정도 경사시켜서 운반한다.
② 마스트를 뒤로 6° 정도 경사시켜서 운반한다.
③ 샤퍼를 뒤로 6° 정도 경사시켜서 운반한다.
④ 바이브레이터를 뒤로 8° 정도 경사시켜서 운반한다.

59 **지게차에서 지켜야 할 안전 수칙으로 틀린 것은?**

① 후진 시는 반드시 뒤를 살필 것
② 전진에서 후진 변속 시는 지게차가 정지된 상태에서 행할 것
③ 주·정차 시는 반드시 주차 브레이크를 작동시킬 것
④ 이동 시는 포크를 반드시 지상에서 높이 들고 이동할 것

60 **건설기계의 정기 검사 신청 기간 내에 정기 검사를 받은 경우 정기 검사 유효 기간 시작일을 바르게 설명한 것은?**

① 유효 기간에 관계없이 검사를 받은 다음날부터
② 유효 기간 내에 검사를 받은 것은 유효 기간 만료일부터
③ 유효 기간 내에 검사를 받은 것은 종전 검사 유효 기간 만료일 다음날부터
④ 유효 기간에 관계없이 검사를 받은 날부터

답안 표기란				
56	①	②	③	④
57	①	②	③	④
58	①	②	③	④
59	①	②	③	④
60	①	②	③	④

지게차운전기능사 필기 모의고사 ❺

수험번호 :

수험자명 :

제한 시간 : 60분
남은 시간 : 60분

전체 문제 수 : 60
안 푼 문제 수 :

답안 표기란

1 ① ② ③ ④
2 ① ② ③ ④
3 ① ② ③ ④
4 ① ② ③ ④
5 ① ② ③ ④

1 볼트나 너트를 조이고 풀 때의 사항으로 틀린 것은?

① 볼트와 너트는 규정 토크로 조인다.
② 토크 렌치는 볼트를 풀 때만 사용한다.
③ 한 번에 조이지 말고, 2~3회 나누어 조인다.
④ 규정된 공구를 사용하여 풀고, 조이도록 한다.

2 지게차 기관에서 부동액으로 사용될 수 없는 것은?

① 그리스
② 알코올
③ 글리세린
④ 에틸렌글리콜

3 지게차 운전 종료 후 점검 사항과 가장 거리가 먼 것은?

① 각종 게이지
② 타이어의 손상 여부
③ 연료 보유량
④ 기름누설 부위

4 기관에서 크랭크축의 역할은?

① 원활한 직선운동을 하는 장치이다.
② 기관의 진동을 줄이는 장치이다.
③ 직선운동을 회전운동으로 변환시키는 장치이다.
④ 원운동을 직선운동으로 변환시키는 장치이다.

5 지게차를 작업 용도에 따라 분류할 때 원추형 화물을 조이거나 회전시켜 운반 또는 적재하는데 적합한 것은?

① 힌지드 버킷(Hinged bucket)
② 힌지드 포크(Hinged fork)
③ 로테이팅 클램프(Rotating clamp)
④ 로드 스태빌라이저(Road stabilizer)

6 **다음 중 커먼 레일 디젤기관의 공기 유량 센서(AFS)에 대한 설명으로 옳지 않은 것은?**

① EGR 피드백 제어 기능을 주로 한다.
② 열막 방식을 사용한다.
③ 연료량 제어 기능을 주로 한다.
④ 스모그 제한 부스터 압력 제어용으로 사용한다.

7 **빛을 받으면 전류가 흐르지만 빛이 없으면 전류가 흐르지 않는 전기 소자는?**

① 발광 다이오드
② 포토 다이오드
③ 제너 다이오드
④ PN 접합 다이오드

8 **지게차의 리프트 실린더(Lift cylinder) 작동회로에서 플로 프로텍터(벨로시티 퓨즈)를 사용하는 주된 목적은?**

① 컨트롤 밸브와 리프터 실린더 사이에서 배관 파손 시 적재물 급강하를 방지한다.
② 포크의 정상 하강 시 천천히 내려올 수 있게 한다.
③ 화물을 하강할 때 신속하게 내려올 수 있도록 작용한다.
④ 리프트 실린더 회로에서 포크 상승 중 중간 정지 시 내부 누유를 방지한다.

9 **6실린더 디젤기관에서 병렬로 연결된 예열 플러그가 있다. 제3번 실린더의 예열 플러그가 단선되면 어떤 현상이 발생되는가?**

① 전체가 작동이 안 된다.
② 제3번 옆에 있는 제2번과 제4번도 작동이 안 된다.
③ 축전지 용량의 배가 방전된다.
④ 제3번 실린더만 작동이 안 된다.

10 **지게차 포크의 간격은 파렛트 폭의 어느 정도로 하는 것이 가장 적당한가?**

① 파렛트 폭의 1/3~1/2
② 파렛트 폭의 1/3~2/3
③ 파렛트 폭의 1/2~2/3
④ 파렛트 폭의 1/2~3/4

답안 표기란				
6	①	②	③	④
7	①	②	③	④
8	①	②	③	④
9	①	②	③	④
10	①	②	③	④

11 4행정으로 1사이클을 완성하는 기관에서 각 행정의 순서는?

① 흡입 → 동력 → 압축 → 배기
② 흡입 → 압축 → 배기 → 동력
③ 흡입 → 압축 → 동력 → 배기
④ 압축 → 흡입 → 동력 → 배기

12 지게차에서 화물 취급 방법으로 틀린 것은?

① 포크는 화물의 받침대 속에 정확히 들어갈 수 있도록 조작한다.
② 운반물을 적재하여 경사지를 주행할 때에는 화물이 언덕 위쪽으로 향하도록 한다.
③ 포크를 지면에서 약 800mm 정도 올려서 주행해야 한다.
④ 운반 중 마스트를 뒤로 약 6° 정도 경사시킨다.

13 「도로교통법」상 도로에 해당되지 않는 것은?

① 「해상도로법」에 의한 항로
② 차마의 통행을 위한 도로
③ 「유료도로법」에 의한 유료 도로
④ 「도로법」에 의한 도로

14 디젤기관 연료장치의 분사 펌프에서 프라이밍 펌프는 어느 때 사용하는가?

① 출력을 증가시키고자 할 때
② 연료계통의 공기배출을 할 때
③ 연료의 양을 가감할 때
④ 연료의 분사압력을 측정할 때

15 교통사고 발생 후 벌점 사항 중 틀린 것은?

① 사망 1명마다 90점
② 경상 1명마다 5점
③ 중상 1명마다 30점
④ 부상신고 1명마다 2점

16 축전지 터미널의 식별 방법이 아닌 것은?

① 부호(+, -)로 식별
② 굵기로 분별
③ 문자(P, N)로 분별
④ 요철로 분별

답안 표기란

11 ① ② ③ ④
12 ① ② ③ ④
13 ① ② ③ ④
14 ① ② ③ ④
15 ① ② ③ ④
16 ① ② ③ ④

17 신개발 건설기계의 시험·연구목적 운행을 제외한 건설기계의 임시 운행 기간은 며칠 이내인가?

① 50일 ② 10일
③ 15일 ④ 20일

18 건설기계 조종사가 면허를 반납해야 할 사유가 아닌 것은?

① 면허가 취소된 때
② 면허를 신규로 취득한 때
③ 면허의 효력이 정지된 때
④ 면허증의 재교부를 받은 후 분실된 면허증을 발견한 때

19 일시정지 안전표지판이 설치된 횡단보도에서 위반되는 것은?

① 경찰공무원이 진행 신호를 하여 일시정지 하지 않고 통과하였다.
② 횡단보도 직전에 일시정지하여 안전을 확인한 후 통과하였다.
③ 보행자가 보이지 않아 그대로 통과하였다.
④ 연속적으로 진행 중인 앞 차의 뒤를 따라 진행할 때 일시 정지하였다.

20 다음 그림의 교통안전표지는 무엇을 의미하는가?

50

① 차간거리 최저 50m
② 차간거리 최고 50m
③ 최저 속도 제한
④ 최고 속도 제한

21 축압기의 종류 중 공기 압축형이 아닌 것은?

① 스프링 하중방식(Spring loaded type)
② 피스톤 방식(Piston type)
③ 다이어프램 방식(Diaphragm type)
④ 블래더 방식(Bladder type)

답안 표기란				
17	①	②	③	④
18	①	②	③	④
19	①	②	③	④
20	①	②	③	④
21	①	②	③	④

22 4차로 이상 고속도로에서 건설기계의 법정 최고 속도는 시속 몇 km 인가?

① 50km/h ② 60km/h
③ 80km/h ④ 100km/h

23 방향 전환 밸브의 조작 방식에서 단동 솔레노이드 기호는?

① 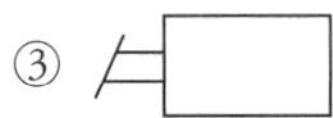 ②
③ ④

24 밤에 도로에서 차를 운행하는 경우 등의 등화로 틀린 것은?

① 견인되는 차 : 미등, 차폭등 및 번호등
② 원동기장치자전거 : 전조등 및 미등
③ 자동차 : 자동차안전기준에서 정하는 전조등, 차폭등, 미등
④ 자동차등 외의 모든 차 : 지방경찰청장이 정하여 고시하는 등화

25 유압장치에 사용되는 펌프 형식이 아닌 것은?

① 베인 펌프 ② 플런저 펌프
③ 분사 펌프 ④ 기어 펌프

26 정기 검사 대상 건설기계의 정기 검사 신청 기간으로 옳은 것은?

① 건설기계의 정기 검사 유효기간 만료일 전후 45일 이내에 신청한다.
② 건설기계의 정기 검사 유효기간 만료일 전 90일 이내에 신청한다.
③ 건설기계의 정기 검사 유효기간 만료일 전후 31일 이내에 신청한다.
④ 건설기계의 정기 검사 유효기간 만료일 후 60일 이내에 신청한다.

27 유압장치에서 방향 제어 밸브에 해당하는 것은?

① 셔틀 밸브 ② 릴리프 밸브
③ 시퀀스 밸브 ④ 언로드 밸브

답안 표기란

22 ① ② ③ ④
23 ① ② ③ ④
24 ① ② ③ ④
25 ① ② ③ ④
26 ① ② ③ ④
27 ① ② ③ ④

28 유압 실린더 중 피스톤의 양쪽에 유압유를 교대로 공급하여 양방향의 운동을 유압으로 작동시키는 형식은?

① 단동식　　② 복동식
③ 다동식　　④ 편동식

29 건설기계 운전 시 갑자기 유압이 발생되지 않을 때 점검 내용으로 가장 거리가 먼 것은?

① 오일 개스킷 파손 여부 점검
② 유압 실린더의 피스톤 마모 점검
③ 오일 파이프 및 호스가 파손되었는지 점검
④ 오일량 점검

30 유압유에 점도가 서로 다른 2종류의 오일을 혼합하였을 경우에 대한 설명으로 옳은 것은?

① 오일 첨가제의 좋은 부분만 작동하므로 오히려 더욱 좋다.
② 점도가 달리지나 사용에는 전혀 지장이 없다.
③ 혼합은 권장사항이며, 사용에는 전혀 지장이 없다.
④ 열화 현상을 촉진시킨다.

31 건설기계 소유자 또는 점유자가 건설기계를 도로에 계속하여 버려두거나 정당한 사유 없이 타인의 토지에 버려둔 경우의 처벌은?

① 1년 이하의 징역 또는 300만 원 이하의 벌금
② 1년 이하의 징역 또는 1000만 원 이하의 벌금
③ 1년 이하의 징역 또는 200만 원 이하의 벌금
④ 1년 이하의 징역 또는 500만 원 이하의 벌금

32 드릴작업 시 주의 사항으로 틀린 것은?

① 칩을 털어낼 때는 칩 털이를 사용한다.
② 작업이 끝나면 드릴을 척에서 빼놓는다.
③ 드릴이 움직일 때는 칩을 손으로 치운다.
④ 재료는 힘껏 조이든가 정지기구로 고정한다.

답안 표기란

28	①	②	③	④
29	①	②	③	④
30	①	②	③	④
31	①	②	③	④
32	①	②	③	④

33 유압 펌프가 오일을 토출하지 않을 경우 점검 항목 중 틀린 것은?

① 오일탱크에 오일이 규정량으로 들어 있는지 점검한다.
② 흡입 스트레이너가 막혀 있지 않은지 점검한다.
③ 흡입 관로에서 공기를 빨아들이지 않는지 점검한다.
④ 토출 측 회로에 압력이 너무 낮은지 점검한다.

34 금속나트륨이나 금속칼륨 화재의 소화재로서 가장 적합한 것은?

① 물 ② 건조사
③ 분말 소화기 ④ 할론 소화기

35 지게차의 주된 구동방식은?

① 앞바퀴 구동 ② 뒷바퀴 구동
③ 전후 구동 ④ 중간차축 구동

36 외접형 기어 펌프의 폐입 현상에 대한 설명으로 틀린 것은?

① 폐입 현상은 소음과 진동의 원인이 된다.
② 폐입된 부분의 기름은 압축이나 팽창을 받는다.
③ 보통 기어 측면에 접하는 펌프 측판(Side plate)에 릴리프 홈을 만들어 방지한다.
④ 펌프의 압력, 유량, 회전수 등이 주기적으로 변동해서 발생하는 진동 현상이다.

37 재해 발생 과정에서 하인리히의 연쇄반응 이론의 발생 순서로 맞는 것은?

① 사회적 환경과 선천적 결함 → 개인적 결함 → 불안전한 행동 → 사고 → 재해
② 개인적 결함 → 사회적 환경과 선천적 결함 → 사고 - 불안전한 행동 → 재해
③ 불안전한 행동 → 사회적 환경과 선천적 결함 → 개인적 결함 → 사고 → 재해
④ 사회적 환경과 선천적 결함 → 개인적 결함 → 재해 → 불안전한 행동 → 사고

답안 표기란

33	①	②	③	④
34	①	②	③	④
35	①	②	③	④
36	①	②	③	④
37	①	②	③	④

답안 표기란

38 ① ② ③ ④
39 ① ② ③ ④
40 ① ② ③ ④
41 ① ② ③ ④
42 ① ② ③ ④
43 ① ② ③ ④

38 **보기에서 회로 내의 압력을 설정치 이하로 유지하는 밸브로만 짝지어진 것은?**

보기	ⓐ 릴리프 밸브(Relief valve) ⓑ 리듀싱 밸브(Reducing valve) ⓒ 스로틀 밸브(Throttle valve) ⓓ 언로더 밸브(Unloader valve)

① ⓐ, ⓑ, ⓓ
② ⓑ, ⓒ
③ ⓒ, ⓓ
④ ⓐ, ⓑ, ⓒ

39 **지게차 포크에 화물을 싣고 창고나 공장을 출입할 때의 주의 사항 중 틀린 것은?**

① 팔이나 몸을 차체 밖으로 내밀지 않는다.
② 차폭이나 출입구의 폭은 확인할 필요가 없다.
③ 주위 장애물 상태를 확인 후 이상이 없을 때 출입한다.
④ 화물이 출입구 높이에 닿지 않도록 주의한다.

40 **해머작업에 대한 내용으로 잘못된 것은?**

① 타격범위에 장애물이 없도록 한다.
② 작업자가 서로 마주보고 두드린다.
③ 녹슨 재료 사용 시 보안경을 사용한다.
④ 작게 시작하여 차차 큰 행정으로 작업하는 것이 좋다.

41 **지게차의 주차 및 정차에 대한 안전 사항으로 틀린 것은?**

① 마스트를 전방으로 틸트하고 포크를 바닥에 내려 놓는다.
② 키 스위치를 OFF에 놓고 주차 브레이크를 고정시킨다.
③ 주·정차 시에는 지게차에 키를 꽂아 놓는다.
④ 통로나 비상구에는 주차하지 않는다.

42 **볼트·너트를 조이고 풀 때 가장 적합한 공구는?**

① 플라이어 ② 드라이버
③ 바이스 ④ 육각 소켓 렌치

43 **디젤기관 연소과정에서 착화 지연 원인과 가장 거리가 먼 것은?**

① 연료의 미립도 ② 연료의 압력
③ 연료의 착화성 ④ 공기의 와류 상태

44 평탄한 노면에서의 지게차를 운전하여 하역작업을 하는 방법으로 옳지 않은 것은?

① 파렛트에 실은 화물이 안정되고 확실하게 실려 있는지를 확인한다.
② 포크를 삽입하고자 하는 곳과 평행하게 한다.
③ 불안정한 적재의 경우에는 빠르게 작업을 진행시킨다.
④ 화물 앞에서 정지한 후 마스트가 수직이 되도록 기울여야 한다.

45 화재 발생 시 연소 조건이 아닌 것은?

① 점화원
② 산소(공기)
③ 발화시기
④ 가연성 물질

46 지게차의 운전을 종료했을 때 취해야 할 안전 사항이 아닌 것은?

① 각종 레버는 중립에 둔다.
② 연료를 빼낸다.
③ 주차 브레이크를 작동시킨다.
④ 전원 스위치를 차단시킨다.

47 산업안전보건표지의 종류에서 경고표시에 해당되지 않는 것은?

① 방독면 착용
② 인화성 물질 경고
③ 폭발물 경고
④ 저온 경고

48 지게차로 화물을 싣고 경사지에서 주행할 때 안전상 올바른 운전방법은?

① 포크를 높이 들고 주행한다.
② 내려갈 때에는 저속 후진한다.
③ 내려갈 때에는 변속레버를 중립에 놓고 주행한다.
④ 내려갈 때에는 엔진 시동을 끄고 타력으로 주행한다.

49 동력 공구 사용 시 주의 사항으로 틀린 것은?

① 보호구는 안 해도 무방하다.
② 에어 그라인더는 회전 수에 유의한다.
③ 규정된 공기 압력을 유지한다.
④ 압축 공기 중의 수분을 제거하여 준다.

답안 표기란

44	① ② ③ ④
45	① ② ③ ④
46	① ② ③ ④
47	① ② ③ ④
48	① ② ③ ④
49	① ② ③ ④

50 **드라이브 라인에 슬립 이음을 사용하는 이유는?**

① 회전력을 직각으로 전달하기 위해
② 출발을 원활하게 하기 위해
③ 추진축의 길이에 변화를 주기 위해
④ 추진축의 각도 변화에 대응하기 위해

51 **지게차 포크에 화물을 적재하고 주행할 때 포크와 지면과의 간격으로 가장 적합한 것은?**

① 80~85cm ② 지면에 밀착
③ 50~55cm ④ 20~30cm

52 **마스터 실린더를 조립할 때 맨 나중 세척은 어느 것으로 하는 것이 좋은가?**

① 석유 ② 브레이크액
③ 광유 ④ 휘발유

53 **작업 용도에 따른 지게차의 종류가 아닌 것은?**

① 로테이팅 클램프(Rotating clamp)
② 곡면 포크(Curved fork)
③ 로드 스태빌라이저(Load stabilizer)
④ 힌지드 버킷(Hinged bucket)

54 **동력 조향장치의 장점으로 적합하지 않은 것은?**

① 작은 조작력으로 조향 조작을 할 수 있다.
② 조향 기어비는 조작력에 관계없이 선정할 수 있다.
③ 굴곡 노면에서의 충격을 흡수하여 조향 핸들에 전달되는 것을 방지한다.
④ 조작이 미숙하면 엔진이 자동으로 정지된다.

55 **지게차 조종석 계기판에 없는 것은?**

① 연료계
② 냉각수 온도계
③ 화물 체적계
④ 엔진 회전속도(rpm)게이지

답안 표기란				
50	①	②	③	④
51	①	②	③	④
52	①	②	③	④
53	①	②	③	④
54	①	②	③	④
55	①	②	③	④

56 디젤기관 연료장치에서 연료 필터의 공기를 배출하기 위해 설치되어 있는 것으로 가장 적합한 것은?

① 벤트 플러그(Vent plug)
② 오버 플로 밸브(Over flow valve)
③ 코어 플러그(Core plug)
④ 글로 플러그(Glow plug)

57 지게차의 포크를 내리는 역할을 하는 부품은?

① 틸트 실린더　② 리프트 실린더
③ 볼 실린더　④ 조향 실린더

58 기계 운전 중의 안전에 대한 설명으로 옳은 것은?

① 빠른 속도로 작업할 때는 일시적으로 안전장치를 제거한다.
② 기계장비의 이상으로 정상 가동이 어려운 상황에서는 중속 회전 상태로 작업한다.
③ 기계 운전 중 이상한 냄새, 소음, 진동이 날 때는 정지하고, 전원을 끈다.
④ 작업의 속도 및 효율을 높이기 위해 작업 범위 이외의 기계도 동시에 작동한다.

59 교류 발전기의 특징이 아닌 것은?

① 브러시 수명이 길다.
② 실리콘 다이오드로 정류하므로 전기적 용량이 크다.
③ 저속에서도 충전 가능한 출력 전압이 발생한다.
④ 전류 조정기만 있으면 된다.

60 지게차의 조향 방법으로 옳은 것은?

① 전자 조향　② 배력 조향
③ 전륜 조향　④ 후륜 조향

답안 표기란				
56	①	②	③	④
57	①	②	③	④
58	①	②	③	④
59	①	②	③	④
60	①	②	③	④

지게차운전기능사 필기 모의고사 ❻

수험번호 :

수험자명 :

제한 시간 : 60분
남은 시간 : 60분

전체 문제 수 : 60
안 푼 문제 수 :

답안 표기란

1 ① ② ③ ④

2 ① ② ③ ④

3 ① ② ③ ④

4 ① ② ③ ④

1 건설기계 등록번호표의 색칠 기준으로 틀린 것은?

① 자가용 : 녹색 판에 흰색 문자

② 영업용 : 주황색 판에 흰색 문자

③ 관용 : 흰색 판에 검은색 문자

④ 수입용 : 적색 판에 흰색 문자

2 산업안전의 중요성에 대한 설명으로 틀린 것은?

① 직장의 신뢰도를 높여 준다.

② 기업의 투자경비가 많이 소요된다.

③ 이직률이 감소된다.

④ 근로자의 생명과 건강을 지킬 수 있다.

3 지게차 운전 시 유의사항으로 적합하지 않은 것은?

① 내리막길에서는 급회전을 하지 않는다.

② 화물적재 후 최고속 주행을 하여 작업능률을 높인다.

③ 운전석에는 운전자 이외는 승차하지 않는다.

④ 면허소지자 이외는 운전하지 못하도록 한다.

4 지게차 스프링 장치에 대한 설명으로 옳은 것은?

① 탠덤 드라이브 장치이다.

② 코일 스프링 장치이다.

③ 판 스프링 장치이다.

④ 스프링 장치가 없다.

5 **기관에서 실린더 마모가 가장 큰 부분은?**

① 실린더 아랫부분
② 실린더 윗부분
③ 실린더 중간부분
④ 실린더 연소실 부분

6 **기관의 피스톤 링에 대한 설명 중 틀린 것은?**

① 압축 링과 오일 링이 있다.
② 기밀유지의 역할을 한다.
③ 연료분사를 좋게 한다.
④ 열전도 작용을 한다.

7 **변속기에서 기어의 이중 물림을 방지하는 역할을 하는 것은?**

① 인터록 볼
② 로크 핀
③ 셀렉터
④ 로킹 볼

8 **화재예방 조치로서 적합하지 않은 것은?**

① 가연성 물질을 인화 장소에 두지 않는다.
② 유류 취급 장소에는 방화수를 준비한다.
③ 흡연은 정해진 장소에서만 한다.
④ 화기는 정해진 장소에서만 취급한다.

9 **유해한 작업환경 요소가 아닌 것은?**

① 화재나 폭발의 원인이 되는 환경
② 신선한 공기가 공급되도록 하는 환풍장치 등의 설비
③ 소화기와 호흡기를 통하여 흡수되어 건강장애를 일으키는 물질
④ 피부나 눈에 접촉하여 자극을 주는 물질

답안 표기란

5	① ② ③ ④
6	① ② ③ ④
7	① ② ③ ④
8	① ② ③ ④
9	① ② ③ ④

10 지게차의 화물운반 작업 중 가장 적당한 것은?

① 댐퍼를 뒤로 3° 정도 경사시켜서 운반한다.
② 마스트를 뒤로 6° 정도 경사시켜서 운반한다.
③ 샤퍼를 뒤로 6° 정도 경사시켜서 운반한다.
④ 바이브레이터를 뒤로 8° 정도 경사시켜서 운반한다.

11 지게차의 적재방법으로 틀린 것은?

① 화물을 올릴 때에는 포크를 수평으로 한다.
② 적재한 장소에 도달했을 때 천천히 정지한다.
③ 포크로 물건을 찌르거나 물건을 끌어서 올리지 않는다.
④ 화물이 무거우면 사람이나 중량물로 밸런스 웨이트를 삼는다.

12 지게차의 운전장치를 조작하는 동작의 설명으로 틀린 것은?

① 전·후진 레버를 앞으로 밀면 후진이 된다.
② 틸트 레버를 뒤로 당기면 마스트는 뒤로 기운다.
③ 리프트 레버를 앞으로 밀면 포크가 내려간다.
④ 전·후진 레버를 뒤로 당기면 후진이 된다.

13 유압회로에서 메인 유압보다 낮은 압력으로 유압 액추에이터를 동작시키고자 할 때 사용하는 밸브는?

① 감압 밸브
② 릴리프 밸브
③ 시퀀스 밸브
④ 카운터 밸런스 밸브

14 유압장치에서 작동유압 에너지에 의해 연속적으로 회전운동 함으로서 기계적인 일을 하는 것은?

① 유압 모터
② 유압 실린더
③ 유압 제어 밸브
④ 유압 탱크

답안 표기란
10 ① ② ③ ④
11 ① ② ③ ④
12 ① ② ③ ④
13 ① ② ③ ④
14 ① ② ③ ④

15 ① ② ③ ④
16 ① ② ③ ④
17 ① ② ③ ④
18 ① ② ③ ④
19 ① ② ③ ④

15 **건설기계의 등록번호를 부착 또는 봉인하지 아니하거나 등록번호를 새기지 아니한 자에게 부가하는 법규상의 과태료로 옳은 것은?**

① 30만 원 이하의 과태료
② 50만 원 이하의 과태료
③ 100만 원 이하의 과태료
④ 20만 원 이하의 과태료

16 **오일 여과기의 여과입도가 너무 조밀하였을 때 가장 발생하기 쉬운 현상은?**

① 오일 누출 현상
② 공동 현상
③ 맥동 현상
④ 블로바이 현상

17 **등화장치 설명 중 내용이 잘못된 것은?**

① 후진등은 변속기 시프트 레버를 후진 위치로 넣으면 점등된다.
② 방향지시등은 방향지시등의 신호가 운전석에서 확인되지 않아도 된다.
③ 번호등은 단독으로 점멸되는 회로가 있어서는 안 된다.
④ 제동등은 브레이크 페달을 밟았을 때 점등된다.

18 **도로교통법상 폭우·폭설·안개 등으로 가시거리가 100m 이내일 때 최고 속도의 감속으로 옳은 것은?**

① 20% ② 50%
③ 60% ④ 80%

19 **지게차의 좌우 포크 높이가 다를 경우에 조정하는 부위는?**

① 리프트 밸브로 조정한다.
② 리프트 체인의 길이로 조정한다.
③ 틸트 레버로 조정한다.
④ 틸트 실린더로 조정한다.

답안 표기란

20 ① ② ③ ④
21 ① ② ③ ④
22 ① ② ③ ④
23 ① ② ③ ④
24 ① ② ③ ④

20 건설기계 소유자가 정비업소에 건설기계 정비를 의뢰한 후 정비업자로부터 정비완료통보를 받고 며칠 이내에 찾아가지 않을 때 보관 관리비용을 지불하는가?

① 5일 ② 10일
③ 15일 ④ 20일

21 도로교통법규상 4차로 이상 고속도로에서 건설기계의 최저 속도는?

① 30km/h
② 40km/h
③ 50km/h
④ 60km/h

22 엔진에서 오일의 온도가 상승되는 원인이 아닌 것은?

① 과부하 상태에서 연속작업
② 오일 냉각기의 불량
③ 오일의 점도가 부적당할 때
④ 유량의 과다

23 지게차의 작업장치 중 석탄, 소금, 비료, 모래 등 비교적 흘러내리기 쉬운 화물 운반에 이용되는 장치는?

① 블록 클램프
② 사이드 시프트
③ 로테이팅 포크
④ 힌지드 버킷

24 지게차의 마스트를 기울일 때 갑자기 시동이 정지되면 어떤 밸브가 작동하여 그 상태를 유지하는가?

① 틸트 록 밸브
② 스로틀 밸브
③ 리프트 밸브
④ 틸트 밸브

25 **지게차 포크를 하강시키는 방법으로 가장 적합한 것은?**

① 가속페달을 밟고 리프트 레버를 앞으로 민다.
② 가속페달을 밟고 리프트 레버를 뒤로 당긴다.
③ 가속페달을 밟지 않고 리프트 레버를 뒤로 당긴다.
④ 가속페달을 밟지 않고 리프트 레버를 앞으로 민다.

26 **유압 펌프의 작동유 유출 여부 점검방법에 해당하지 않는 것은?**

① 정상작동 온도로 난기운전을 실시하여 점검하는 것이 좋다.
② 고정 볼트가 풀린 경우에는 추가 조임을 한다.
③ 작동유 유출점검은 운전자가 관심을 가지고 점검하여야 한다.
④ 하우징에 균열이 발생되면 패킹을 교환한다.

27 **다음 유압 도면 기호의 명칭은?**

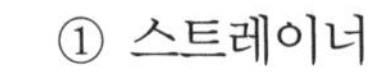
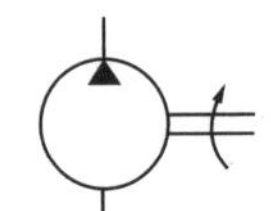

① 스트레이너
② 유압 모터
③ 유압 펌프
④ 압력계

28 **지게차에서 틸트 실린더의 역할은?**

① 차체 수평 유지
② 포크의 상하 이동
③ 마스트 앞·뒤 경사 조정
④ 차체 좌우 회전

29 **지게차에서 적재 상태의 마스트 경사로 적합한 것은?**

① 뒤로 기울어지도록 한다.
② 앞으로 기울어지도록 한다.
③ 진행 좌측으로 기울어지도록 한다.
④ 진행 우측으로 기울어지도록 한다.

답안 표기란
25 ① ② ③ ④
26 ① ② ③ ④
27 ① ② ③ ④
28 ① ② ③ ④
29 ① ② ③ ④

답안 표기란

30 ① ② ③ ④
31 ① ② ③ ④
32 ① ② ③ ④
33 ① ② ③ ④
34 ① ② ③ ④

30 **횡단보도로부터 몇 m 이내에 정차 및 주차를 해서는 안 되는가?**

① 3m ② 5m
③ 8m ④ 10m

31 **지게차의 조종 레버 명칭이 아닌 것은?**

① 리프트 레버
② 밸브 레버
③ 변속 레버
④ 틸트 레버

32 **동력전달장치를 다루는 데 필요한 안전수칙으로 틀린 것은?**

① 커플링은 키 나사가 돌출되지 않도록 사용한다.
② 풀리가 회전 중일 때 벨트를 걸지 않도록 한다.
③ 벨트의 장력은 정지 중일 때 확인하지 않도록 한다.
④ 회전 중인 기어에는 손을 대지 않도록 한다.

33 **운전 중 좁은 장소에서 지게차를 방향 전환시킬 때 가장 주의할 점은?**

① 뒷바퀴 회전에 주의하여 방향 전환한다.
② 포크 높이를 높게 하여 방향 전환한다.
③ 앞바퀴 회전에 주의하여 방향 전환한다.
④ 포크를 땅에 닿게 내리고 방향 전환한다.

34 **타이어에서 고무로 피복된 코드를 여러 겹으로 겹친 층에 해당되며 타이어 골격을 이루는 부분은?**

① 카커스(Carcass) 부분
② 트레드(Tread) 부분
③ 숄더(Should) 부분
④ 비드(Bead) 부분

답안 표기란
35 ① ② ③ ④
36 ① ② ③ ④
37 ① ② ③ ④
38 ① ② ③ ④
39 ① ② ③ ④

35 **축전지 격리판의 구비조건으로 틀린 것은?**

① 기계적 강도가 있을 것
② 다공성이고 전해액에 부식되지 않을 것
③ 극판에 좋지 않은 물질을 내뿜지 않을 것
④ 전도성이 좋으며 전해액의 확산이 잘 될 것

36 **벨트를 풀리에 걸 때는 어떤 상태에서 걸어야 하는가?**

① 고속상태
② 중속상태
③ 저속상태
④ 정지상태

37 **안전한 작업을 하기 위하여 작업 복장을 선정할 때의 유의사항으로 가장 거리가 먼 것은?**

① 화기사용 장소에서 방염성·불연성의 것을 사용하도록 한다.
② 착용자의 취미·기호 등에 중점을 두고 선정한다.
③ 작업복은 몸에 맞고 동작이 편하도록 제작한다.
④ 상의의 소매나 바짓자락 끝 부분이 안전하고 작업하기 편리하게 잘 처리된 것을 선정한다.

38 **지게차의 하중을 지지하는 것은?**

① 마스터 실린더
② 구동차축
③ 차동장치
④ 최종구동장치

39 **유압장치에서 릴리프 밸브가 설치되는 위치는?**

① 유압 펌프와 오일 탱크 사이
② 오일 여과기와 오일 탱크 사이
③ 유압 펌프와 제어 밸브 사이
④ 유압 실린더와 오일 여과기 사이

40 **철길건널목 안에서 차가 고장이 나서 운행할 수 없게 된 경우 운전자의 조치사항과 가장 거리가 먼 것은?**

① 철도공무 중인 직원이나 경찰공무원에게 즉시 알려 차를 이동하기 위한 필요한 조치를 한다.
② 차를 즉시 건널목 밖으로 이동시킨다.
③ 승객을 하차시켜 즉시 대피시킨다.
④ 현장을 그대로 보존하고 경찰관서로 가서 고장신고를 한다.

41 **액추에이터(Actuator)의 작동속도와 가장 관계가 깊은 것은?**

① 압력 ② 온도
③ 유량 ④ 점도

42 **줄 작업 시 주의사항으로 틀린 것은?**

① 줄은 반드시 자루를 끼워서 사용한다.
② 줄은 반드시 바이스 등에 올려놓아야 한다.
③ 줄은 부러지기 쉬우므로 절대로 두드리거나 충격을 주어서는 안된다.
④ 줄은 사용하기 전에 균열 유무를 충분히 점검하여야 한다.

43 **브레이크에서 하이드로 백에 관한 설명으로 틀린 것은?**

① 대기압과 흡기다기관 부압과의 차이를 이용하였다.
② 하이드로 백에 고장이 나면 브레이크가 전혀 작동하지 않는다.
③ 외부에 누출이 없는데도 브레이크 작동이 나빠지는 것은 하이드로 백 고장일 수도 있다.
④ 하이드로백은 브레이크 계통에 설치되어 있다.

44 **건설기계 형식신고의 대상기계가 아닌 것은?**

① 불도저
② 무한궤도식 굴삭기
③ 리프트
④ 아스팔트 피니셔

답안 표기란

40	①	②	③	④
41	①	②	③	④
42	①	②	③	④
43	①	②	③	④
44	①	②	③	④

45 **지게차의 주된 구동방식은?**

① 앞바퀴 구동
② 뒷바퀴 구동
③ 전후 구동
④ 중간차축 구동

46 **건설기계 등록번호표에 대한 설명으로 틀린 것은?**

① 모든 번호표의 규격은 동일하다.
② 재질은 철판 또는 알루미늄 판이 사용된다.
③ 굴삭기일 경우 기종별 기호표시는 02로 한다.
④ 번호표에 표시되는 문자 및 외곽선은 1.5mm 튀어나와야 한다.

47 **건설기계에 비치할 가장 적합한 종류의 소화기는?**

① A급 화재소화기
② 포말 B 소화기
③ ABC 소화기
④ 포말 소화기

48 **디젤기관에 과급기를 부착하는 주된 목적은?**

① 출력의 증대
② 냉각효율의 증대
③ 배기효율의 증대
④ 윤활성의 증대

49 **지게차의 구성품이 아닌 것은?**

① 마스트
② 블레이드
③ 틸트 실린더
④ 밸런스 웨이트

답안 표기란

45	① ② ③ ④
46	① ② ③ ④
47	① ② ③ ④
48	① ② ③ ④
49	① ② ③ ④

50 자동차 1종 대형 면허소지자가 조종할 수 없는 건설기계는?

① 지게차
② 콘크리트 펌프
③ 아스팔트 살포기
④ 노상안정기

51 교류(AC) 발전기의 특성이 아닌 것은?

① 저속에서도 충전성능이 우수하다.
② 소형 경량이고 출력도 크다.
③ 소모 부품이 적고 내구성이 우수하며 고속회전에 견딘다.
④ 전압조정기, 전류조정기, 컷 아웃 릴레이로 구성된다.

52 현장에서 오일의 열화를 찾아내는 방법이 아닌 것은?

① 색깔의 변화나 수분, 침전물의 유무 확인
② 흔들었을 때 생기는 거품이 없어지는 양상 확인
③ 자극적인 악취 유무 확인
④ 오일을 가열하였을 때 냉각되는 시간 확인

53 디젤기관 노즐(Nozzle)의 연료분사 3대 요건이 아닌 것은?

① 무화 ② 관통력
③ 착화 ④ 분포

54 공구 사용 시 주의사항이 아닌 것은?

① 결함이 없는 공구를 사용한다.
② 작업에 적당한 공구를 선택한다.
③ 공구의 이상 유무를 사용 후 점검한다.
④ 공구를 올바르게 취급하고 사용한다.

55 디젤기관에서 회전속도에 따라 연료의 분사시기를 조절하는 장치는?

① 과급기 ② 기화기
③ 타이머 ④ 조속기

답안 표기란

50 ① ② ③ ④
51 ① ② ③ ④
52 ① ② ③ ④
53 ① ② ③ ④
54 ① ② ③ ④
55 ① ② ③ ④

56 동절기에 주로 사용하는 것으로, 디젤기관에 흡입된 공기온도를 상승시켜 시동을 원활하게 하는 장치는?

① 고압 분사장치
② 연료장치
③ 충전장치
④ 예열장치

57 유압유의 압력, 유량 또는 방향을 제어하는 밸브의 총칭은?

① 안전밸브
② 제어밸브
③ 감압밸브
④ 축압기

58 유압유의 온도가 상승할 경우 나타날 수 있는 현상이 아닌 것은?

① 오일 누설 저하
② 오일 점도 저하
③ 펌프 효율 저하
④ 작동유의 열화 촉진

59 안전·보건표지의 종류와 형태에서 그림의 표지로 옳은 것은?

① 차량통행금지
② 사용금지
③ 탑승금지
④ 물체이동금지

60 제동장치의 기능을 설명한 것으로 틀린 것은?

① 속도를 감속시키거나 정지시키기 위한 장치이다.
② 독립적으로 작동시킬 수 있는 2계통의 제동장치가 있다.
③ 급제동 시 노면으로부터 발생되는 충격을 흡수하는 장치이다.
④ 경사로에서 정지된 상태를 유지할 수 있는 구조이다.

답안 표기란

56	①	②	③	④
57	①	②	③	④
58	①	②	③	④
59	①	②	③	④
60	①	②	③	④

지게차운전기능사 필기 모의고사 ❼

수험번호 :

수험자명 :

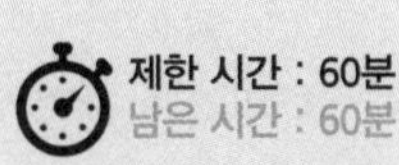

전체 문제 수 : 60
안 푼 문제 수 :

답안 표기란

1 ① ② ③ ④
2 ① ② ③ ④
3 ① ② ③ ④
4 ① ② ③ ④
5 ① ② ③ ④

1 노면이 얼어붙은 경우 또는 폭설로 가시거리가 100미터 이내인 경우 최고 속도의 얼마나 감속 운행하여야 하는가?

① 50%
② 30%
③ 40%
④ 20%

2 지게차로 가파른 경사지에서 화물을 운반할 때에는 어떤 방법이 좋은가?

① 화물을 앞으로 하여 천천히 내려온다.
② 기어의 변속을 중립에 놓고 내려온다.
③ 기어의 변속을 저속 상태로 놓고 후진으로 내려온다.
④ 지그재그로 회전하여 내려온다.

3 기관 오일 압력이 상승하는 원인은?

① 오일 펌프가 마모되었을 때
② 오일 점도가 높을 때
③ 윤활유가 너무 적을 때
④ 유압 조절 밸브 스프링이 약할 때

4 일반적으로 지게차의 자체 중량에 포함되지 않는 것은?

① 휴대공구
② 운전자
③ 냉각수
④ 연료

5 디젤기관에서 시동이 잘 안 되는 원인으로 옳은 것은?

① 연료 공급 라인에 공기가 차 있을 때
② 클러치가 과대 마모되었을 때
③ 점화 플러그의 불꽃이 약할 때
④ 냉각수를 경수로 사용할 때

6 **지게차의 작업 방법을 설명한 것 중 적당한 것은?**

① 화물을 싣고 평지에서 주행할 때에는 브레이크 페달을 급격히 밟아도 된다.
② 비탈길을 오르내릴 때에는 마스트를 전면으로 기울인 상태에서 전진 운행한다.
③ 자동 변속기가 장착된 지게차는 전진으로 진행 중 브레이크 페달을 밟지 않고, 후진을 시켜도 된다.
④ 화물을 싣고, 비탈길을 내려올 때에는 후진하여 천천히 내려온다.

7 **라디에이터의 구비 조건으로 틀린 것은?**

① 공기유동 저항이 클 것
② 냉각수 튜브 흐름 저항이 적을 것
③ 단위면적당 방열량이 클 것
④ 강도가 클 것

8 **교류 발전기에서 교류를 직류로 바꾸는 것을 정류라고 하며, 대부분의 교류 발전기에는 정류성능이 우수한 무엇을 이용하여 정류작용을 하는가?**

① 트랜지스터 ② 실리콘 다이오드
③ 사이리스터 ④ 서미스터

9 **지게차에 대한 설명으로 틀린 것은?**

① 화물을 싣기 위해 마스트를 약간 전경시키고 포크를 끼워 화물을 싣는다.
② 틸트 레버는 앞으로 밀면 마스트가 앞으로 기울고 따라서 포크가 앞으로 기운다.
③ 포크를 상승시킬 때는 리프트 레버를 뒤쪽으로, 하강시킬 때는 앞쪽으로 민다.
④ 목적지에 도착 후 화물을 내리기 위해 틸트 실린더를 후경시켜 전진한다.

10 **전기장치에서 접촉저항이 발생하는 개소로 가장 거리가 먼 것은?**

① 배선 중간 지점 ② 스위치 접점
③ 축전지 터미널 ④ 배선 커넥터

답안 표기란

6	①	②	③	④
7	①	②	③	④
8	①	②	③	④
9	①	②	③	④
10	①	②	③	④

11 **건설기계 등록 신청에 대한 설명으로 옳은 것은?(단, 전시·사변 등 국가비상사태 하의 경우 제외)**

① 시·군·구청장에게 취득한 날로부터 10일 이내 등록 신청을 한다.
② 시·도지사에게 취득한 날로부터 15일 이내 등록 신청을 한다.
③ 시·군·구청장에게 취득한 날로부터 1개월 이내 등록 신청을 한다.
④ 시·도지사에게 취득한 날로부터 2개월 이내 등록 신청을 한다.

12 **4행정 사이클 디젤기관 작동 중 흡입밸브와 배기밸브가 동시에 닫혀 있는 행정은?**

① 흡입행정　② 소기행정
③ 동력행정　④ 배기행정

13 **건설기계의 정기 검사 신청 기간 내에 정기 검사를 받은 경우, 다음 정기 검사 유효 기간의 산정 방법으로 옳은 것은?**

① 정기 검사를 받은 날부터 기산한다.
② 정기 검사를 받은 날의 다음날부터 기산한다.
③ 종전 검사 유효 기간 만료일부터 기산한다.
④ 종전 검사 유효 기간 만료일의 다음날부터 기산한다.

14 **디젤기관의 노킹 방지책으로 틀린 것은?**

① 연료의 착화점이 낮은 것을 사용한다.
② 흡기압력을 높게 한다.
③ 실린더 벽의 온도를 낮춘다.
④ 흡기온도를 높인다.

15 **「건설기계관리법」상 건설기계를 검사 유효 기간이 끝난 후에 계속 운행하고자 할 때는 어느 검사를 받아야 하는가?**

① 신규 등록 검사　② 계속 검사
③ 수시 검사　④ 정기 검사

16 **축전지의 구조와 기능에 관련하여 중요하지 않은 것은?**

① 축전지 제조회사
② 단자기둥의 [+], [-] 구분
③ 축전지의 용량
④ 축전지 단자의 접촉상태

답안 표기란

11	① ② ③ ④
12	① ② ③ ④
13	① ② ③ ④
14	① ② ③ ④
15	① ② ③ ④
16	① ② ③ ④

17 「건설기계관리법」상 건설기계의 정의로 바른 것은?

① 건설공사에 사용할 수 있는 기계로서 대통령령이 정하는 것을 말한다.
② 건설현장에서 운행하는 장비로서 대통령령이 정하는 것을 말한다.
③ 건설공사에 사용할 수 있는 기계로서 국토교통부령이 정하는 것을 말한다.
④ 건설현장에서 운행하는 장비로서 국토교통부령이 정하는 것을 말한다.

18 주행 중 진로를 변경해서는 안 되는 경우는?

① 교통이 복잡한 도로일 때
② 시속 40km 이상으로 주행할 때
③ 진로 변경 제한선이 표시되어 있을 때
④ 4차로 도로일 때

19 작동유에 대한 설명으로 틀린 것은?

① 점도 지수가 낮아야 한다.
② 점도는 압력 손실에 영향을 미친다.
③ 마찰 부분의 윤활 작용 및 냉각 작용도 한다.
④ 공기가 혼입되면 유압기기의 성능은 저하된다.

20 건설기계 등록말소 신청 시의 첨부서류가 아닌 것은?

① 건설기계 검사증
② 건설기계 등록증
③ 건설기계 양도증명서
④ 건설기계의 멸실, 도난 등의 등록 말소 사유를 확인할 수 있는 서류

21 도로의 중앙을 통행할 수 있는 행렬은?

① 학생의 대열
② 말·소를 몰고 가는 사람
③ 사회적으로 중요한 행사에 따른 시가행진
④ 군부대의 행렬

22 "밀폐된 용기 속의 유체 일부에 가해진 압력은 각부의 모든 부분에 같은 세기로 전달된다."는 원리는?

① 베르누이의 원리
② 렌츠의 원리
③ 파스칼의 원리
④ 보일 샤를의 원리

답안 표기란				
17	①	②	③	④
18	①	②	③	④
19	①	②	③	④
20	①	②	③	④
21	①	②	③	④
22	①	②	③	④

23 다음의 내용 중 ( ) 안에 들어갈 내용으로 옳은 것은?

> "도로를 통행하는 차마의 운전자는 교통안전시설이 표시하는 신호 또는 지시와 교통정리를 위한 경찰공무원 등의 신호 또는 지시가 다른 경우에는 (   )의 (   )에 따라야 한다."

① 운전자, 판단
② 교통신호, 지시
③ 경찰공무원등, 신호 또는 지시
④ 교통신호, 신호

24 수랭식 오일 냉각기(Oil cooler)에 대한 설명으로 틀린 것은?

① 소형으로 냉각 능력이 크다.
② 고장 시 오일 중에 물이 혼입될 우려가 있다.
③ 대기 온도나 냉각수 온도 이하의 냉각이 용이하다.
④ 유온을 항상 적정한 온도로 유지하기 위하여 사용된다.

25 체크 밸브가 내장되는 밸브로서 유압 회로의 한 방향의 흐름에 대해서는 설정된 배압을 생기게 하고, 다른 방향의 흐름은 자유롭게 흐르도록 한 밸브는?

① 셔틀 밸브 ② 언로더 밸브
③ 슬로리턴 밸브 ④ 카운터 밸런스 밸브

26 다른 교통 또는 안전표지의 표시에 주의하면서 진행할 수 있는 신호로 가장 적합한 것은?

① 적색 X표 표시의 등화 ② 황색등화 점멸
③ 적색의 등화 ④ 녹색 화살표시의 등화

27 유압 모터에 대한 설명으로 옳은 것은?

① 유압발생장치에 속한다.
② 압력, 유량, 방향을 제어한다.
③ 직선운동을 하는 작동기구이다.
④ 유압에너지를 기계적에너지로 변환한다.

답안 표기란

23	①	②	③	④
24	①	②	③	④
25	①	②	③	④
26	①	②	③	④
27	①	②	③	④

28 그림의 유압 기호는 무엇을 표시하는가?

① 유압 실린더
② 어큐뮬레이터
③ 오일 탱크
④ 체크 밸브

29 유압장치의 기본 구성 요소가 아닌 것은?

① 유압 펌프　② 유압 실린더
③ 유압 제어 밸브　④ 종감속 기어

30 공기구 사용에 대한 사항으로 틀린 것은?

① 공구를 사용 후 공구상자에 넣어 보관한다.
② 볼트와 너트는 가능한 소켓 렌치로 작업한다.
③ 토크 렌치는 볼트와 너트를 푸는데 사용한다.
④ 마이크로미터를 보관할 때는 직사광선에 노출시키지 않는다.

31 유압장치에서 압력 제어 밸브가 아닌 것은?

① 릴리프 밸브　② 체크 밸브
③ 감압 밸브　④ 시퀀스 밸브

32 화재의 분류에서 유류화재에 해당되는 것은?

① A급 화재　② B급 화재
③ C급 화재　④ D급 화재

33 일반 수공구 취급 시 주의할 사항이 아닌 것은?

① 작업에 알맞은 공구를 사용할 것
② 공구를 청결한 상태에서 보관할 것
③ 공구는 지정된 장소에 보관할 것
④ 공구가 맞는 것이 없으면 비슷한 용도의 공구를 사용할 것

답안 표기란

28 ① ② ③ ④
29 ① ② ③ ④
30 ① ② ③ ④
31 ① ② ③ ④
32 ① ② ③ ④
33 ① ② ③ ④

답안 표기란

34 ① ② ③ ④
35 ① ② ③ ④
36 ① ② ③ ④
37 ① ② ③ ④
38 ① ② ③ ④

34 **운전 중 좁은 장소에서 지게차를 방향 전환시킬 때 가장 주의할 점으로 옳은 것은?**

① 뒷바퀴 회전에 주의하여 방향 전환한다.
② 포크 높이를 높게 하여 방향 전환한다.
③ 앞바퀴 회전에 주의하여 방향 전환한다.
④ 포크가 땅에 닿게 내리고 방향 전환한다.

35 **전기 작업에서 안전작업상 적합하지 않은 것은?**

① 저압 전력선에는 감전 우려가 없으므로 안심하고 작업할 것
② 퓨즈는 규정된 알맞은 것을 끼울 것
③ 전선이나 코드의 접속부분은 절연물로서 완전히 피복하여 둘 것
④ 전기장치는 사용 후 스위치를 OFF할 것

36 **유지보수 작업의 안전에 대한 설명 중 잘못된 것은?**

① 기계는 분해하기 쉬워야 한다.
② 보전용 통로는 없어도 가능하다.
③ 기계의 부품은 교환이 용이해야 한다.
④ 작업 조건에 맞는 기계가 되어야 한다.

37 **지게차 작업장치의 종류에 속하지 않는 것은?**

① 하이 마스트
② 리퍼
③ 사이드 클램프
④ 힌지드 버킷

38 **작업장의 사다리식 통로를 설치하는 관련법상 틀린 것은?**

① 견고한 구조로 할 것
② 발판의 간격은 일정하게 할 것
③ 사다리가 넘어지거나 미끄러지는 것을 방지하기 위한 조치를 할 것
④ 사다리식 통로의 길이가 10미터 이상인 때에는 접이식으로 설치할 것

39 시력을 교정하고 비산물로부터 눈을 보호하기 위한 보안경은?

① 고글형 보안경　② 도수렌즈 보안경
③ 유리 보안경　④ 플라스틱 보안경

40 지게차의 작업장치 중 석탄, 소금, 비료, 모래 등 비교적 흘러내리기 쉬운 화물 운반에 이용되는 장치는?

① 블록 클램프　② 사이드 시프트
③ 로테이팅 포크　④ 힌지드 버킷

41 전등의 스위치가 옥내에 있으면 안 되는 것은?

① 카바이드 저장소　② 건설기계 차고
③ 공구 창고　④ 절삭유 저장소

42 지게차가 무부하 상태에서 최대 조향각으로 운행 시 가장 바깥쪽 바퀴의 접지 자국 중심점이 그리는 원의 반경을 무엇이라고 하는가?

① 최대 선회 반지름　② 최소 회전 반지름
③ 최소 직각 통로 폭　④ 윤간 거리

43 일반적으로 사고로 인한 재해가 가장 많이 발생할 수 있는 것은?

① 캠　② 벨트
③ 기관　④ 래크

44 지게차 스프링장치에 대한 설명으로 옳은 것은?

① 탠덤 드라이브장치이다.
② 코일 스프링장치이다.
③ 판 스프링장치이다.
④ 스프링장치가 없다.

답안 표기란

39	①	②	③	④
40	①	②	③	④
41	①	②	③	④
42	①	②	③	④
43	①	②	③	④
44	①	②	③	④

45 지게차의 휠 얼라인먼트에서 토 인의 필요성이 아닌 것은?

① 조향 바퀴의 방향성을 준다.
② 조향 바퀴를 평행하게 회전시킨다.
③ 바퀴가 옆 방향으로 미끄러지는 것을 방지한다.
④ 타이어 이상 마멸을 방지한다.

46 무거운 짐을 이동할 때 설명으로 틀린 것은?

① 힘겨우면 기계를 이용한다.
② 기름이 묻은 장갑을 끼고 한다.
③ 지렛대를 이용한다.
④ 2인 이상이 작업할 때는 힘센 사람과 약한 사람과의 균형을 잡는다.

47 작업 전 지게차의 워밍업 운전 및 점검 사항으로 틀린 것은?

① 시동 후 작동유의 유온을 정상 범위 내에 도달하도록 고속으로 전·후진 주행을 2~3회 실시
② 엔진 시동 후 5분간 저속 운전 실시
③ 틸트 레버를 사용하여 전 행정으로 전후 경사운동 2~3회 실시
④ 리프트 레버를 사용하여 상승, 하강운동을 전 행정으로 2~3회 실시

48 자동 변속기에서 변속 레버에 의해 작동되며, 중립, 전진, 후진, 고속, 저속의 선택에 따라 오일 통로를 변환시키는 밸브는?

① 거버너 밸브　② 시프트 밸브
③ 매뉴얼 밸브　④ 스로틀 밸브

49 지게차를 전·후진 방향으로 서서히 화물에 접근시키거나 빠른 유압 작동으로 신속히 화물을 상승 또는 적재시킬 때 사용하는 것은?

① 인칭조절 페달　② 액셀러레이터 페달
③ 디셀레이터 페달　④ 브레이크 페달

50 지게차의 주된 구동방식은?

① 앞바퀴 구동　② 뒷바퀴 구동
③ 전후 구동　④ 중간차축 구동

답안 표기란

45 ① ② ③ ④
46 ① ② ③ ④
47 ① ② ③ ④
48 ① ② ③ ④
49 ① ② ③ ④
50 ① ② ③ ④

51 축전지와 전동기를 동력원으로 하는 지게차는?

① 전동 지게차　　② 유압 지게차
③ 엔진 지게차　　④ 수동 지게차

52 주행 중 급가속 시 기관 회전은 상승하는데 차속은 증속이 안 될 때 원인으로 틀린 것은?

① 압력 스프링의 쇠약
② 클러치 디스크 판이 기름 부착
③ 클러치 페달의 유격 과대
④ 클러치 디스크 판 마모

53 지게차의 동력 조향장치에 사용되는 유압 실린더로 가장 적합한 것은?

① 단동 실린더 플런저형
② 복동 실린더 싱글 로드형
③ 복동 실린더 더블 로드형
④ 다단 실린더 텔레스코픽형

54 지게차에 대한 설명으로 틀린 것은?

① 연료 탱크에 연료가 비어 있으면 연료 게이지는 "E"를 가리킨다.
② 오일 압력 경고등은 시동 후 워밍업되기 전에 점등되어야 한다.
③ 히터 시그널은 연소실 글로우 플러그의 가열 상태를 표시한다.
④ 암페어 미터의 지침은 방전되면 (-)쪽을 가리킨다.

55 일반적인 유압 실린더의 종류에 해당하지 않는 것은?

① 단동 실린더　　② 다단 실린더
③ 레이디얼 실린더　　④ 복동 실린더

답안 표기란	
51	① ② ③ ④
52	① ② ③ ④
53	① ② ③ ④
54	① ② ③ ④
55	① ② ③ ④

56 **지게차를 주차하고자 할 때 포크는 어떤 상태로 하면 안전한가?**

① 앞으로 3° 정도 경사지에 주차하고 마스트 전경각을 최대로 포크는 지면에 접하도록 내려놓는다.
② 평지에 주차하고 포크는 녹이 발생하는 것을 방지하기 위하여 10cm 정도 들어 놓는다.
③ 평지에 주차하면 포크의 위치는 상관없다.
④ 평지에 주차하고 포크는 지면에 접하도록 내려놓는다.

57 **기동전동기가 회전하지 않는 원인이 아닌 것은?**

① 축전지가 과방전되었다.
② 전기자 코일이 단락되었다.
③ 브러시 스프링이 강하다.
④ 시동키 스위치가 불량하다.

58 **지게차 포크에 화물을 적재하고 주행할 때 포크와 지면과의 간격으로 가장 적합한 것은?**

① 지면에 밀착　② 20~30cm
③ 50~55cm　④ 80~85cm

59 **디젤엔진의 배기량이 일정한 상태에서 연소실에 강압적으로 많은 공기를 공급하여 흡입 효율을 높이고 출력과 토크를 증대시키기 위한 장치는?**

① 과급기　② 에어 컴프레서
③ 연료 압축기　④ 냉각 압축 펌프

60 **유량 제어 밸브를 실린더와 병렬로 연결하여 실린더의 속도를 제어하는 회로는?**

① 미터 인 회로　② 미터 아웃 회로
③ 블리드 오프 회로　④ 블리드 온 회로

답안 표기란	
56	① ② ③ ④
57	① ② ③ ④
58	① ② ③ ④
59	① ② ③ ④
60	① ② ③ ④

지게차운전기능사 필기 모의고사 ❽

수험번호 :
수험자명 :

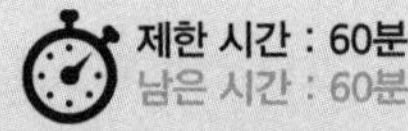

전체 문제 수 : 60
안 푼 문제 수 :

답안 표기란

1 ① ② ③ ④
2 ① ② ③ ④
3 ① ② ③ ④
4 ① ② ③ ④

1 **소화설비를 설명한 내용으로 맞지 않는 것은?**

① 포말 소화설비는 저온 압축한 질소가스를 방사시켜 화재를 진화한다.
② 분말 소화설비는 미세한 분말 소화제를 화염에 방사시켜 진화시킨다.
③ 물 분무 소화설비는 연소물의 온도를 인화점 이하로 냉각시키는 효과가 있다.
④ 이산화탄소 소화설비는 질식작용에 의해 화염을 진화시킨다.

2 **지게차의 일반적인 조향방식은?**

① 앞바퀴 조향방식이다.
② 뒷바퀴 조향방식이다.
③ 허리꺾기 조향방식이다.
④ 작업조건에 따라 바꿀 수 있다.

3 **지게차의 적재방법으로 틀린 것은?**

① 화물을 올릴 때에는 포크를 수평으로 한다.
② 적재한 장소에 도달했을 때 천천히 정지한다.
③ 포크로 화물을 찌르거나 끌어서 올리지 않는다.
④ 화물이 무거우면 사람이나 중량물로 밸런스 웨이트를 삼는다.

4 **「도로교통법」에 따르면 운전자는 자동차 등의 운전 중에는 휴대용 전화를 원칙적으로 사용할 수 없다. 예외적으로 휴대용 전화 사용이 가능한 경우로 틀린 것은?**

① 자동차 등이 정지하고 있는 경우
② 저속 건설기계를 운전하는 경우
③ 긴급자동차를 운전하는 경우
④ 각종 범죄 및 재해 신고 등 긴급한 필요가 있는 경우

5 **지게차의 틸트 레버를 운전석에서 운전자 몸 쪽으로 당기면 마스트는 어떻게 기울어지는가?**

① 운전자의 몸쪽에서 멀어지는 방향으로 기운다.
② 지면 방향 아래쪽으로 내려온다.
③ 운전자의 몸쪽 방향으로 기운다.
④ 지면에서 위쪽으로 올라간다.

6 **지게차 조향 핸들의 유격이 커지는 원인과 관계없는 것은?**

① 피트먼 암의 헐거움
② 타이어 공기압 과대
③ 조향 기어 링키지 조정 불량
④ 앞바퀴 베어링 과대 마모

7 **지게차의 운전방법으로 틀린 것은?**

① 화물 운반 시 내리막길은 후진으로 오르막길은 전진으로 주행한다.
② 화물 운반 시 포크는 지면에서 20~30cm 가량 띄운다.
③ 화물 운반 시 마스트를 뒤로 4° 가량 경사시킨다.
④ 화물 운반은 항상 후진으로 주행한다.

8 **흡·배기 밸브의 구비 조건이 아닌 것은?**

① 열전도율이 좋을 것
② 열에 대한 팽창률이 적을 것
③ 열에 대한 저항력이 적을 것
④ 가스에 견디고 고온에 잘 견딜 것

9 **지게차의 조종 레버 명칭이 아닌 것은?**

① 리프트 레버
② 밸브 레버
③ 전·후진 레버
④ 틸트 레버

10 **전자의 움직임을 방해하는 요소를 무엇이라고 하는가?**

① 전압
② 저항
③ 전력
④ 전류

답안 표기란
5 ① ② ③ ④
6 ① ② ③ ④
7 ① ② ③ ④
8 ① ② ③ ④
9 ① ② ③ ④
10 ① ② ③ ④

11 **지게차의 리프트 실린더 작동회로에 사용되는 플로 레귤레이터(슬로 리턴) 밸브의 역할은?**

① 포크 상승 시 작동유의 압력을 높여준다.
② 포크가 상승하다가 리프트 실린더 중간에서 정지 시 실린더 내부 누유를 방지한다.
③ 포크의 하강 속도를 조절하여 포크가 천천히 내려오도록 한다.
④ 화물을 하강할 때 신속하게 내려오도록 한다.

12 **디젤기관을 시동시킨 후 충분한 시간이 지났는데도 냉각수 온도가 정상적으로 상승하지 않을 경우 그 고장의 원인이 될 수 있는 것은?**

① 냉각 팬 벨트의 헐거움
② 수온 조절기가 열린 채 고장
③ 물 펌프의 고장
④ 라디에이터 코어의 막힘

13 **교류 발전기를 설명한 내용으로 옳지 않은 것은?**

① 정류기로 실리콘 다이오드를 사용한다.
② 스테이터 코일은 주로 3상 결선으로 되어있다.
③ 발전 조정은 전류 조정기를 이용한다.
④ 로터 전류를 변화시켜 출력이 조정된다.

14 **엔진 오일의 소비량이 많아지는 직접적인 원인은?**

① 피스톤 링과 실린더의 간극이 과대하다.
② 오일 펌프 기어가 과대하게 마모되었다.
③ 배기 밸브 간극이 너무 작다.
④ 윤활의 압력이 너무 낮다.

15 **지게차의 좌우 포크 높이가 다를 경우에 조정하는 부위는?**

① 리프트 밸브로 조정한다.
② 리프트 체인의 길이로 조정한다.
③ 틸트 레버로 조정한다.
④ 틸트 실린더로 조정한다.

답안 표기란

11	①	②	③	④
12	①	②	③	④
13	①	②	③	④
14	①	②	③	④
15	①	②	③	④

16 충전된 축전지를 방치 시 자기 방전의 원인과 가장 거리가 먼 것은?

① 양극판 작용 물질 입자가 축전지 내부에 단락으로 인한 방전
② 격리판이 설치되어 방전
③ 전해액 내에 포함된 불순물에 의해 방전
④ 음극판의 작용 물질이 황산과 화학 작용으로 방전

17 4행정 사이클 디젤엔진에서 흡입행정 시 실린더 내에 흡입되는 것은?

① 혼합기 ② 연료
③ 공기 ④ 스파크

18 실드 빔 형식의 전조등을 사용하는 건설기계에서 전조등 밝기가 흐려 야간 운전에 어려움이 있을 때 올바른 조치 방법은?

① 렌즈를 교환한다. ② 전조등을 교환한다.
③ 반사경을 교환한다. ④ 전구를 교환한다.

19 도로의 중앙으로부터 좌측을 통행할 수 있는 경우는?

① 편도 2차로의 도로를 주행할 때
② 도로가 일방통행으로 된 때
③ 중앙선 우측에 차량이 밀려있을 때
④ 좌측도로가 한산할 때

20 건설기계 등록을 말소할 때에는 등록번호표를 며칠 이내에 시·도지사에게 반납하여야 하는가?

① 10일 ② 15일
③ 20일 ④ 30일

답안 표기란

16	①	②	③	④
17	①	②	③	④
18	①	②	③	④
19	①	②	③	④
20	①	②	③	④

21 건설기계를 등록할 때 건설기계 출처를 증명하는 서류와 관계가 없는 것은?

① 건설기계 제작증
② 수입면장
③ 매수증서(관청으로부터 매수)
④ 건설기계 대여업 신고증

22 유압 펌프의 토출 유량을 나타내는 단위로 옳은 것은?

① PSI ② LPM
③ kPa ④ W

23 건설기계 형식에 관한 승인을 얻거나 그 형식을 신고한 자는 당사자 간에 별도의 계약이 없는 경우에 건설기계를 판매한 날로부터 몇 개월 동안 무상으로 건설기계를 정비해 주어야 하는가?

① 3개월 ② 6개월
③ 12개월 ④ 24개월

24 주차 및 정차금지 장소는 건널목 가장자리로부터 몇 m 이내인 곳인가?

① 5m ② 10m
③ 20m ④ 30m

25 밀폐된 용기 내의 액체 일부에 가해진 압력은 어떻게 전달되는가?

① 액체 각 부분에 다르게 전달된다.
② 액체 각 부분에 동시에 같은 크기로 전달된다.
③ 액체의 압력이 돌출 부분에서 더 세게 작용된다.
④ 액체의 압력이 홈 부분에서 더 세게 작용된다.

26 「도로교통법」에 위반되는 것은?

① 밤에 교통이 빈번한 도로에서 전조등을 계속 하향하였다.
② 낮에 어두운 터널 속을 통과할 때 전조등을 켰다.
③ 소방용 방화 물통으로부터 10m 지점에 주차하였다.
④ 노면이 얼어붙은 곳에서 최고 속도의 20/100을 줄인 속도로 운행하였다.

답안 표기란

21	①	②	③	④
22	①	②	③	④
23	①	②	③	④
24	①	②	③	④
25	①	②	③	④
26	①	②	③	④

27 릴리프 밸브에서 포핏 밸브를 밀어 올려 유압유가 흐르기 시작할 때의 압력은?

① 설정 압력 ② 허용 압력
③ 크랭킹 압력 ④ 전량 압력

28 「건설기계관리법」상 건설기계에 해당되지 않는 것은?

① 자체 중량 2톤 이상의 로더 ② 노상 안정기
③ 천장크레인 ④ 콘크리트 살포기

29 유압유의 유체에너지(압력, 속도)를 기계적인 일로 변환시키는 유압 장치는?

① 유압 펌프 ② 유압 액추에이터
③ 어큐뮬레이터 ④ 유압 밸브

30 「건설기계관리법」상 건설기계의 등록신청은 누구에게 하여야 하는가?

① 사용 본거지를 관할하는 읍·면장
② 사용 본거지를 관할하는 시·도지사
③ 사용 본거지를 관할하는 검사대행장
④ 사용 본거지를 관할하는 경찰서장

31 유압장치에서 기어 모터에 대한 설명 중 잘못된 것은?

① 내부 누설이 적어 효율이 높다.
② 구조가 간단하고 가격이 저렴하다.
③ 일반적으로 스퍼 기어를 사용하나 헬리컬 기어도 사용한다.
④ 유압유에 이물질이 혼입되어도 고장 발생이 적다.

32 교차로 또는 그 부근에서 긴급자동차가 접근하였을 때 피양 방법으로 가장 적절한 것은?

① 교차로를 피하여 도로의 우측 가장자리에 일시 정지한다.
② 그 자리에 즉시 정지한다.
③ 진행 방향으로 진행을 계속한다.
④ 서행하면서 앞지르기 하라는 신호를 한다.

답안 표기란

27	① ② ③ ④
28	① ② ③ ④
29	① ② ③ ④
30	① ② ③ ④
31	① ② ③ ④
32	① ② ③ ④

33 유압식 작업 장치의 속도가 느릴 때의 원인으로 가장 옳은 것은?

① 오일 냉각기의 막힘이 있다.
② 유압 펌프의 토출 압력이 높다.
③ 유압 조정이 불량하다.
④ 유량 조정이 불량하다.

34 유압장치에서 금속 가루 또는 불순물을 제거하기 위해 사용되는 부품으로 짝지어진 것은?

① 오일 여과기와 어큐뮬레이터
② 스크레이퍼와 오일 여과기
③ 오일 여과기와 스트레이너
④ 어큐뮬레이터와 스트레이너

35 연 100만 근로 시간당 몇 건의 재해가 발생했는지를 나타내는 재해율 산출을 무엇이라 하는가?

① 연천인율 ② 도수율
③ 강도율 ④ 천인율

36 방향 제어 밸브에서 내부 누유에 영향을 미치는 요소가 아닌 것은?

① 관로의 유량 ② 밸브 간극의 크기
③ 밸브 양단의 압력 차이 ④ 유압유의 점도

37 드릴작업 시 재료 밑의 받침은 무엇이 적당한가?

① 나무판 ② 연강판
③ 스테인리스판 ④ 벽돌

38 유압유의 점도가 지나치게 높았을 때 나타나는 현상이 아닌 것은?

① 오일 누설이 증가한다.
② 유동 저항이 커져 압력 손실이 증가한다.
③ 동력 손실이 증가하여 기계 효율이 감소한다.
④ 내부 마찰이 증가하고, 압력이 상승한다.

답안 표기란

33	①	②	③	④
34	①	②	③	④
35	①	②	③	④
36	①	②	③	④
37	①	②	③	④
38	①	②	③	④

39 풀리에 벨트를 걸거나 벗길 때 안전한 작동 상태는?

① 중속인 상태　② 정지한 상태
③ 역회전 상태　④ 고속인 상태

40 유압 실린더의 지지 방식에 속하지 않는 것은?

① 푸트형　② 플랜지형
③ 유니언형　④ 트러니언형

41 사용한 공구를 정리 보관할 때 가장 옳은 것은?

① 사용한 공구는 종류별로 묶어서 보관한다.
② 사용한 공구는 녹슬지 않게 기름칠을 잘해서 작업대 위에 진열해 놓는다.
③ 사용 시 기름이 묻은 공구는 물로 깨끗이 씻어서 보관한다.
④ 사용한 공구는 면 걸레로 깨끗이 닦아서 공구상자 또는 공구보관으로 지정된 곳에 보관한다.

42 전기기기에 의한 감전 사고를 막기 위하여 필요한 설비로 가장 중요한 것은?

① 접지 설비　② 방폭등 설비
③ 고압계 설비　④ 대지 전위 상승 설비

43 유압장치 작동 시 안전 및 유의사항으로 틀린 것은?

① 규정된 오일을 사용한다.
② 냉간 시에는 난기운전 후 작업한다.
③ 작동 중 이상 소음이 생기면 작업을 중단한다.
④ 오일이 부족하면 종류가 다른 오일이라도 보충한다.

44 지게차 주차 시 취해야 할 안전조치로 틀린 것은?

① 포크를 지면에서 20cm 정도 높이에 고정시킨다.
② 엔진을 정지시키고 주차 브레이크를 잡아당겨 주차상태를 유지시킨다.
③ 포크의 선단이 지면에 닿도록 마스트를 전방으로 약간 기울인다.
④ 시동 스위치의 키를 빼내어 보관한다.

답안 표기란
39 ① ② ③ ④
40 ① ② ③ ④
41 ① ② ③ ④
42 ① ② ③ ④
43 ① ② ③ ④
44 ① ② ③ ④

45 클러치의 용량은 엔진 회전력의 몇 배이며, 이보다 클 때 나타나는 현상은?

① 1.5~2.5배 정도이며, 클러치가 엔진 플라이 휠에서 분리될 때 충격이 오기 쉽다.
② 1.5~2.5배 정도이며, 클러치가 엔진 플라이 휠에 접속될 때 엔진이 정지되기 쉽다.
③ 3.5~4.5배 정도이며, 압력판이 엔진 플라이 휠에 접속될 때 엔진이 정지되기 쉽다.
④ 3.5~4.5배 정도이며, 압력판이 엔진 플라이 휠에서 분리될 때 엔진이 정지되기 쉽다.

46 지게차를 주차시킬 때 포크의 위치로 가장 적합한 것은?

① 지면에서 약간 올려놓는다.
② 지면에서 약 20~30cm 정도 올린다.
③ 지면에서 약 40~50cm 정도 올린다.
④ 지면에 완전히 내린다.

47 라디에이터 캡의 압력 스프링 장력이 약화되었을 때 나타나는 현상은?

① 기관 과냉 ② 기관 과열
③ 출력 저하 ④ 배압 발생

48 지게차가 자동차와 다르게 현가 스프링을 사용하지 않는 이유를 설명한 것으로 옳은 것은?

① 롤링이 생기면 적하물이 떨어질 수 있기 때문에
② 현가장치가 있으면 조향이 어렵기 때문에
③ 화물에 충격을 줄여주기 위해
④ 앞차축이 구동축이기 때문에

49 토크 컨버터에서 회전력이 최댓값이 될 때를 무엇이라 하는가?

① 토크 변환비 ② 유체 충돌 손실비
③ 회전력 ④ 스톨 포인트

답안 표기란	
45	① ② ③ ④
46	① ② ③ ④
47	① ② ③ ④
48	① ② ③ ④
49	① ② ③ ④

50 **지게차의 운전 장치를 조작하는 동작의 설명으로 틀린 것은?**

① 전·후진 레버를 앞으로 밀면 후진이 된다.
② 틸트 레버를 뒤로 당기면 마스트는 뒤로 기운다.
③ 리프트 레버를 앞으로 밀면 포크가 내려간다.
④ 전·후진 레버를 뒤로 당기면 후진이 된다.

51 **가스용접 작업 시의 안전 수칙으로 바르지 못한 것은?**

① 산소 용기는 화기로부터 지정된 거리를 둔다.
② 40℃ 이하의 온도에서 산소 용기를 보관한다.
③ 산소 용기 운반 시 충격을 주지 않도록 주의한다.
④ 토치에 점화할 때 성냥불이나 담뱃불로 직접 점화한다.

52 **지게차 하역작업 시 안전한 방법이 아닌 것은?**

① 무너질 위험이 있는 경우 화물 위에 사람이 올라간다.
② 가벼운 것은 위로, 무거운 것은 밑으로 적재한다.
③ 굴러갈 위험이 있는 물체는 고임목으로 고인다.
④ 허용 적재 하중을 초과하는 화물의 적재는 금한다.

53 **지게차의 주된 구동방식은?**

① 앞바퀴 구동　② 뒷바퀴 구동
③ 전후 구동　④ 중간차축 구동

54 **지게차 화물 취급 작업 시 준수하여야 할 사항으로 틀린 것은?**

① 화물 앞에서 일단 정지해야 한다.
② 화물의 근처에 왔을 때에는 가속 페달을 살짝 밟는다.
③ 파렛트에 실려 있는 물체의 안전한 적재 여부를 확인한다.
④ 지게차를 화물 쪽으로 반듯하게 향하고 포크가 파렛트를 마찰하지 않도록 주의한다.

55 **작업장에서 공동작업으로 물건을 들고 이동할 때의 방법으로 잘못된 것은?**

① 힘을 균형을 유지하여 이동할 것
② 불안전한 물건은 드는 방법에 주의할 것
③ 보조를 맞추어 들도록 할 것
④ 운반 도중 상대방에게 무리하게 힘을 가할 것

답안 표기란
50 ① ② ③ ④
51 ① ② ③ ④
52 ① ② ③ ④
53 ① ② ③ ④
54 ① ② ③ ④
55 ① ② ③ ④

답안 표기란

56 ① ② ③ ④
57 ① ② ③ ④
58 ① ② ③ ④
59 ① ② ③ ④
60 ① ② ③ ④

56 지게차를 전·후진 방향으로 서서히 화물에 접근시키거나 빠른 유압 작동으로 신속히 화물을 상승 또는 적재시킬 때 사용하는 것은?

① 인칭 조절 페달
② 액셀러레이터 페달
③ 디셀러레이터 페달
④ 브레이크 페달

57 지게차에서 적재 상태의 마스트 경사로 적합한 것은?

① 뒤로 기울어지도록 한다.
② 앞으로 기울어지도록 한다.
③ 진행 좌측으로 기울어지도록 한다.
④ 진행 우측으로 기울어지도록 한다.

58 「산업안전보건법」상 안전보건표지에서 색채와 용도가 틀리게 짝지어진 것은?

① 파란색 : 지시
② 녹색 : 안내
③ 노란색 : 위험
④ 빨간색 : 금지, 경고

59 전동 지게차의 동력전달 순서로 옳은 것은?

① 축전지 → 제어 기구 → 구동 모터 → 변속기 → 종감속 및 차동장치 → 앞바퀴
② 축전지 → 구동 모터 → 제어 기구 → 변속기 → 종감속 및 차동장치 → 앞바퀴
③ 축전지 → 제어 기구 → 구동 모터 → 변속기 → 종감속 및 차동장치 → 뒷바퀴
④ 축전지 → 구동 모터 → 제어 기구 → 변속기 → 종감속 및 차동장치 → 뒷바퀴

60 가솔린 엔진에 비해 디젤엔진의 장점으로 볼 수 없는 것은?

① 열효율이 높다.
② 압축 압력, 폭압 압력이 크기 때문에 마력당 중량이 크다.
③ 유해 배기가스 배출량이 적다.
④ 흡입행정 시 펌핑 손실을 줄일 수 있다.

지게차운전기능사 필기 모의고사 ❾

수험번호 :

수험자명 :

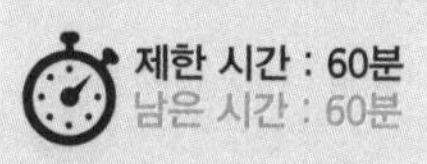

전체 문제 수 : 60
안 푼 문제 수 :

답안 표기란

1 ① ② ③ ④
2 ① ② ③ ④
3 ① ② ③ ④
4 ① ② ③ ④
5 ① ② ③ ④

1 지게차의 조향 방법으로 옳은 것은?

① 전자 조향 ② 배력 조향
③ 전륜 조향 ④ 후륜 조향

2 커먼 레일 디젤기관의 압력 제한 밸브에 대한 설명 중 틀린 것은?

① 컴퓨터가 듀티 제어한다.
② 커먼 레일의 압력을 제어한다.
③ 커먼 레일에 설치되어 있다.
④ 연료 압력이 높으면 연료의 일부분이 연료 탱크로 되돌아간다.

3 건설기계 기관에 사용되는 여과장치가 아닌 것은?

① 오일 스트레이너 ② 인젝션 타이머
③ 오일 여과기 ④ 공기청정기

4 지게차에서 화물 취급 방법으로 틀린 것은?

① 포크는 화물의 받침대 속에 정확히 들어갈 수 있도록 조작한다.
② 운반물을 적재하여 경사지를 주행할 때에는 짐이 언덕 위쪽으로 향하도록 한다.
③ 포크를 지면에서 약 800mm 정도 올려서 주행해야 한다.
④ 운반 중 마스트를 뒤로 약 6° 정도 경사시킨다.

5 축전지를 설명한 것으로 틀린 것은?

① 음극판이 양극판보다 1장 더 많다.
② 단자의 기둥은 양극이 음극보다 굵다.
③ 격리판은 다공성이며 전도성인 물체로 만든다.
④ 일반적으로 12V 축전지의 셀은 6개로 구성되어 있다.

6 **수동 변속기를 변속할 때 기어가 끌리는 소음이 발생하는 원인으로 옳은 것은?**

① 변속기 출력축의 속도계 구동 기어 마모
② 클러치판의 마모
③ 브레이크 라이닝의 마모
④ 클러치의 유격이 너무 클 때

7 **방향 지시등 스위치를 작동할 때 한쪽은 정상이고, 다른 한쪽은 점멸 작동이 정상과 다르게(빠르게 또는 느리게) 작동하는 경우, 고장의 원인이 아닌 것은?**

① 플래셔 유닛이 고장났을 때
② 전구를 교체하면서 규정 용량의 전구를 사용하지 않았을 때
③ 전구 1개가 단선되었을 때
④ 한쪽 전구 소켓에 녹이 발생하여 전압 강하가 있을 때

8 **지게차를 운행할 때의 주의 사항으로 틀린 것은?**

① 급유 중은 물론 운전 중에도 화기를 가까이 하지 않는다.
② 적재 시 급제동을 하지 않는다.
③ 내리막길에서는 브레이크 페달을 밟으면서 서서히 주행한다.
④ 적재 시에는 최고 속도로 주행한다.

9 **기관 연소실의 구비 조건에 속하지 않는 것은?**

① 연소실 내의 표면적은 최대가 되도록 한다.
② 돌출부가 없어야 한다.
③ 압축 끝에서 혼합기의 와류를 형성하는 구조이어야 한다.
④ 화염 전파 거리가 짧아야 한다.

10 **기관에서 피스톤 링의 작용으로 틀린 것은?**

① 완전연소 억제 작용
② 기밀 작용
③ 오일 제어 작용
④ 열전도 작용

답안 표기란

6	① ② ③ ④
7	① ② ③ ④
8	① ② ③ ④
9	① ② ③ ④
10	① ② ③ ④

11 디젤엔진이 잘 시동되지 않거나 시동이 되더라도 출력이 약한 원인으로 옳은 것은?

① 연료 탱크 상부에 공기가 들어 있을 때
② 플라이 휠이 마모되었을 때
③ 연료 분사 펌프의 기능이 불량일 때
④ 냉각수 온도가 100℃ 정도 되었을 때

12 지게차의 발전기가 충전 작용을 하지 못하는 경우 점검 사항이 아닌 것은?

① 레귤레이터 ② 솔레노이드 스위치
③ 발전기 구동 벨트 ④ 충전 회로

13 「도로교통법」에 위반되는 행위는?

① 야간에 교행할 때 전조등의 광도를 감하였다.
② 주간에 방향을 전환할 때 방향 지시등을 켰다.
③ 철길 건널목 바로 전에 일시정지하였다.
④ 다리 위에서 앞지르기 하였다.

14 기관에서 연료 압력이 너무 낮은 원인이 아닌 것은?

① 연료 압력 레귤레이터에 있는 밸브의 밀착이 불량하여 리턴 호스 쪽으로 연료가 누설되었다.
② 연료 필터가 막혔다.
③ 연료 펌프의 공급 압력이 누설되었다.
④ 리턴 호스에서 연료가 누설된다.

15 「도로교통법」상 주차 금지 장소가 아닌 곳은?

① 터널 안 및 다리 위
② 전신주로부터 12m 이내인 곳
③ 소방용 방화물통으로부터 5m 이내인 곳
④ 화재 경보기로부터 3m 이내인 곳

답안 표기란	
11	① ② ③ ④
12	① ② ③ ④
13	① ② ③ ④
14	① ② ③ ④
15	① ② ③ ④

16 **건설기계 조종사면허증의 반납 사유가 아닌 것은?**

① 신규 면허를 신청할 때
② 면허증 재교부를 받은 후 분실된 면허증을 발견한 때
③ 면허의 효력이 정지된 때
④ 면허가 취소된 때

17 **예열장치의 설치 목적으로 옳은 것은?**

① 냉간 시동 시 시동을 원활히 하기 위함이다.
② 연료를 압축하여 분무성능을 향상시키기 위함이다.
③ 연료 분사량을 조절하기 위함이다.
④ 냉각수의 온도를 조절하기 위함이다.

18 **「도로교통법」상 정차의 정의에 해당하는 것은?**

① 차가 10분을 초과하여 정지
② 운전자가 5분을 초과하지 않고 차를 정지시키는 것으로 주차 외의 정지 상태
③ 차가 화물을 싣기 위하여 계속 정지
④ 운전자가 식사하기 위하여 차고에 세워둔 것

19 **건설기계 소유자는 건설기계를 취득한 날부터 얼마 이내에 건설기계 등록신청을 해야 하는가?**

① 2주 이내 ② 10일 이내
③ 2월 이내 ④ 1월 이내

20 **유압장치에서 내구성이 강하고 작동 및 움직임이 있는 곳에 사용하기 적합한 호스는?**

① 강 파이프 ② PVC 호스
③ 구리 파이프 ④ 플렉시블 호스

답안 표기란

16 ① ② ③ ④
17 ① ② ③ ④
18 ① ② ③ ④
19 ① ② ③ ④
20 ① ② ③ ④

21 **건설기계 폐기인수증명서는 누가 교부하는가?**

① 시장·군수　　② 국토교통부장관
③ 건설기계 해체재활용업자　　④ 시·도지사

22 **자체 중량에 의한 자유낙하 등을 방지하기 위하여 회로에 배압을 유지하는 밸브는?**

① 카운터 밸런스 밸브　　② 안전 밸브
③ 체크 밸브　　④ 감압 밸브

23 **건설기계 등록 말소 신청 시의 첨부서류가 아닌 것은?**

① 건설기계 등록증
② 건설기계 검사증
③ 건설기계 양도증명서
④ 건설기계의 말소 사유를 확인할 수 있는 서류

24 **4차로 이상 고속도로에서 건설기계의 법정 최고 속도는 시속 몇 km인가?(단, 경찰청장이 일부 구간에 대하여 제한 속도를 상향 지정한 경우는 제외한다.)**

① 50km/h　　② 60km/h
③ 100km/h　　④ 80km/h

25 **기어 펌프에 비해 피스톤 펌프의 특징이 아닌 것은?**

① 구조가 복잡하다.
② 소음이 적고, 고속 회전이 가능하다.
③ 효율이 높다.
④ 최고 토출 압력이 높다.

26 **유압 회로 내의 유압유 점도가 너무 낮을 때 생기는 현상이 아닌 것은?**

① 시동 저항이 커진다.　　② 오일 누설에 영향이 있다.
③ 회로 압력이 떨어진다.　　④ 펌프 효율이 떨어진다.

답안 표기란

21	① ② ③ ④
22	① ② ③ ④
23	① ② ③ ④
24	① ② ③ ④
25	① ② ③ ④
26	① ② ③ ④

27 건설기계 조종사의 적성 검사 기준을 설명한 것으로 틀린 것은?

① 65데시벨의 소리를 들을 수 있을 것
② 시각이 120도 이상일 것
③ 두 눈을 동시에 뜨고 잰 시력(교정시력 포함)이 0.7 이상일 것
④ 언어 분별력이 80% 이상일 것

28 현장에서 작동유의 열화를 확인하는 인자가 아닌 것은?

① 작동유의 점도 ② 작동유의 냄새
③ 작동유의 색깔 ④ 작동유의 유동

29 연삭작업 시 반드시 착용해야 하는 보호구는?

① 방독면 ② 보안경
③ 안전장갑 ④ 방한복

30 다음 그림의 안내표지판이 나타내는 것은?

① 인화성물질 경고
② 산화성물질 경고
③ 화기금지
④ 폭발성물질 경고

31 유압 작동부에서 오일이 누유되고 있을 때 가장 먼저 점검하여야 할 곳은?

① 펌프(Pump) ② 기어(Gear)
③ 실(Seal) ④ 피스톤(Piston)

답안 표기란

27 ① ② ③ ④
28 ① ② ③ ④
29 ① ② ③ ④
30 ① ② ③ ④
31 ① ② ③ ④

32 드릴작업에서 드릴링 할 때 공작물과 드릴이 함께 회전하기 쉬운 때는?

① 드릴 핸들에 약간의 힘을 주었을 때
② 구멍 뚫기 작업이 거의 끝날 때
③ 작업이 처음 시작될 때
④ 구멍을 중간쯤 뚫었을 때

33 작업 용도에 따른 지게차의 종류가 아닌 것은?

① 로테이팅 클램프(Rotating clamp)
② 곡면 포크(Curved fork)
③ 로드 스태빌라이저(Load stabilizer)
④ 힌지드 버킷(Hinged bucket)

34 압력 제어 밸브 중 상시 닫혀 있다가 일정 조건이 되면 열려 작동하는 밸브가 아닌 것은?

① 감압 밸브 ② 무부하 밸브
③ 릴리프 밸브 ④ 시퀀스 밸브

35 유압 모터와 유압 실린더의 설명으로 옳은 것은?

① 둘 다 회전운동을 한다.
② 유압 모터는 회전운동, 유압 실린더는 직선운동을 한다.
③ 둘 다 왕복운동을 한다.
④ 유압 모터는 직선운동, 유압 실린더는 회전운동을 한다.

36 산소-아세틸렌 가스용접에 의해 발생되는 재해가 아닌 것은?

① 폭발 ② 화재
③ 가스점화 ④ 감전

37 안전보건표지에서 안내표지의 바탕색은?

① 흑색 ② 녹색
③ 백색 ④ 적색

답안 표기란

32	①	②	③	④
33	①	②	③	④
34	①	②	③	④
35	①	②	③	④
36	①	②	③	④
37	①	②	③	④

38 유압 실린더에서 피스톤 행정이 끝날 때 발생하는 충격을 흡수하기 위해 설치하는 장치는?

① 쿠션 기구 ② 압력 보상 장치
③ 서보 밸브 ④ 스로틀 밸브

39 재해 발생 원인으로 가장 높은 비율을 차지하는 것은?

① 작업자의 성격과 경향 ② 작업자의 불안전한 행동
③ 불안전한 작업환경 ④ 사회적 환경

40 기계 및 기계장치 취급 시 사고 발생 원인이 아닌 것은?

① 안전장치 및 보호장치가 잘 되어 있지 않을 때
② 기계 및 기계장치가 넓은 장소에 설치되어 있을 때
③ 정리정돈 및 조명장치가 잘 되어 있지 않을 때
④ 불량 공구를 사용할 때

41 차축의 스플라인부는 차동장치의 어느 기어와 결합되어 있는가?

① 링 기어 ② 차동 피니언
③ 구동 피니언 ④ 차동 사이드 기어

42 지게차로 화물을 싣고 경사지에서 주행할 때 안전상 올바른 운전방법은?

① 포크를 높이 들고 주행한다.
② 내려갈 때에는 저속 후진한다.
③ 내려갈 때에는 변속레버를 중립에 놓고 주행한다.
④ 내려갈 때에는 시동을 끄고 타력으로 주행한다.

43 진공식 제동 배력장치의 설명으로 옳은 것은?

① 릴레이 밸브 피스톤 컵이 파손되어도 브레이크는 듣는다.
② 릴레이 밸브의 다이어프램이 파손되면 브레이크가 듣지 않는다.
③ 진공 밸브가 새면 브레이크가 전혀 듣지 않는다.
④ 하이드로릭 피스톤의 밀착 불량이면 브레이크가 듣지 않는다.

답안 표기란	
38	① ② ③ ④
39	① ② ③ ④
40	① ② ③ ④
41	① ② ③ ④
42	① ② ③ ④
43	① ② ③ ④

44 지게차 포크의 간격은 파렛트 폭의 어느 정도로 하는 것이 가장 적당한가?

① 파렛트 폭의 1/3~1/2 ② 파렛트 폭의 1/3~2/3
③ 파렛트 폭의 1/2~2/3 ④ 파렛트 폭의 1/2~3/4

45 지게차 포크에 화물을 적재하고 주행할 때 포크와의 지면과 간격으로 적합한 것은?

① 지면에 밀착 ② 20~30cm
③ 50~55cm ④ 80~85cm

46 아세틸렌 용접장치의 방호장치는?

① 덮개 ② 제동장치
③ 안전기 ④ 자동전격방지기

47 지게차에 대한 설명으로 틀린 것은?

① 연료 탱크에 연료가 비어 있으면 연료게이지는 “E”를 가리킨다.
② 오일 압력 경고등은 시동 후 워밍업되기 전에 점등되어야 한다.
③ 히터 시그널은 연소실 글로 플러그의 가열 상태를 표시한다.
④ 암페어 미터의 지침은 방전되면 (-)쪽을 가리킨다.

48 지게차의 동력 조향장치에 사용되는 유압 실린더로 가장 적합한 것은?

① 단동 실린더 플런저형 ② 복동 실린더 싱글 로드형
③ 복동 실린더 더블 로드형 ④ 다단 실린더 텔레스코픽형

49 지게차가 무부하 상태에서 최대 조향각으로 운행 시 가장 바깥쪽 바퀴의 접지 자국 중심점이 그리는 원의 반경을 무엇이라고 하는가?

① 최대 선회 반지름 ② 최소 회전 반지름
③ 최소 직각 통로 폭 ④ 윤간 거리

답안 표기란	
44	① ② ③ ④
45	① ② ③ ④
46	① ② ③ ④
47	① ② ③ ④
48	① ② ③ ④
49	① ② ③ ④

50 일반적으로 지게차의 자체 중량에 포함되지 않는 것은?

① 휴대공구 ② 운전자
③ 냉각수 ④ 연료

51 지게차 운전 종료 후 점검 사항과 가장 거리가 먼 것은?

① 각종 게이지 ② 타이어의 손상 여부
③ 연료 보유량 ④ 오일누설 부위

52 화재의 분류에서 전기화재에 해당되는 것은?

① B급 화재 ② C급 화재
③ D급 화재 ④ A급 화재

53 지게차를 주차할 때 주의할 점이 아닌 것은?

① 전·후진 레버를 중립에 놓는다.
② 포크를 바닥에 내려놓는다.
③ 핸드 브레이크 레버를 당긴다.
④ 주브레이크를 제동시켜 놓는다.

54 드릴작업의 안전 수칙이 아닌 것은?

① 일감은 견고하게 고정시키고 손으로 잡고 구멍을 뚫지 않는다.
② 칩을 제거할 때는 회전을 정지시킨 상태에서 솔로 제거한다.
③ 장갑을 끼고 작업하지 않는다.
④ 드릴을 끼운 후에 척 렌치는 그대로 둔다.

55 지게차에 포크에 화물을 싣고 창고나 공장을 출입할 때의 주의사항 중 틀린 것은?

① 팔이나 몸을 차체 밖으로 내밀지 않는다.
② 차폭이나 출입구의 폭은 확인할 필요가 없다.
③ 주위 장애물 상태를 확인 후 이상이 없을 때 출입한다.
④ 화물이 출입구 높이에 닿지 않도록 주의한다.

답안 표기란

50	①	②	③	④
51	①	②	③	④
52	①	②	③	④
53	①	②	③	④
54	①	②	③	④
55	①	②	③	④

56 지게차를 운전할 때 유의 사항으로 틀린 것은?

① 주행을 할 때에는 포크를 가능한 낮게 내려 주행한다.
② 적재물이 높아 전방 시야가 가릴 때에는 후진하여 운전한다.
③ 포크 간격은 화물에 맞게 수시로 조정한다.
④ 후방 시야 확보를 위해 뒤쪽에 사람을 탑승시켜야 한다.

57 선반작업, 드릴작업, 목공기계작업, 연삭작업, 해머작업 등을 할 때 착용하면 불안전한 보호구는?

① 장갑　② 귀마개
③ 방진 안경　④ 차광 안경

58 평탄한 노면에서의 지게차를 운전하여 하역작업을 하는 방법으로 옳지 않은 것은?

① 파렛트에 실은 화물이 안정되고 확실하게 실려 있는지를 확인한다.
② 포크를 삽입하고자 하는 곳과 평행하게 한다.
③ 불안정한 적재의 경우에는 빠르게 작업을 진행시킨다.
④ 화물 앞에서 정지한 후 마스트가 수직이 되도록 기울여야 한다.

59 건설기계의 수시 검사 대상이 아닌 것은?

① 소유자가 수시 검사를 신청한 건설기계
② 사고가 자주 발생하는 건설기계
③ 성능이 불량한 건설기계
④ 구조를 변경한 건설기계

60 깨지기 쉬운 화물이나 불안전한 화물의 낙하를 방지하기 위하여 포크 상단에 상하 작동할 수 있는 압력판을 부착한 지게차는?

① 하이 마스트(High mast)
② 3단 마스트(Triple stage mast)
③ 사이드 시프트 마스트(Side shift mast)
④ 로드 스태빌라이저(Road stabilizer)

답안 표기란

56	①	②	③	④
57	①	②	③	④
58	①	②	③	④
59	①	②	③	④
60	①	②	③	④

지게차운전기능사 필기 모의고사 ⑩

수험번호 :

수험자명 :

제한 시간 : 60분
남은 시간 : 60분

전체 문제 수 : 60
안 푼 문제 수 :

답안 표기란

1 ① ② ③ ④
2 ① ② ③ ④
3 ① ② ③ ④
4 ① ② ③ ④
5 ① ② ③ ④

1 지게차의 화물 운반작업으로 가장 적당한 것은?

① 댐퍼를 뒤로 3° 정도 경사시켜서 운반한다.
② 마스트를 뒤로 6° 정도 경사시켜서 운반한다.
③ 샤퍼를 뒤로 6° 정도 경사시켜서 운반한다.
④ 바이브레이터를 뒤로 8° 정도 경사시켜서 운반한다.

2 사고로 인하여 위급한 환자가 발생하였다. 의사의 치료를 받기 전까지 응급처치를 실시할 때 응급처치 실시자의 준수사항으로 가장 거리가 먼 것은?

① 사고 현장에 대한 조사를 실시한다.
② 원칙적으로 의약품의 사용은 피한다.
③ 의식 확인이 불가능하여도 생사를 임의로 판정하지 않는다.
④ 정확한 방법으로 응급처치를 한 후 반드시 의사의 치료를 받도록 한다.

3 둥근 목재나 파이프 등을 작업하는데 적합한 지게차의 작업 장치는?

① 블록 클램프 ② 사이드 시프트
③ 하이 마스트 ④ 힌지드 포크

4 과급기를 부착하였을 때의 장점이 아닌 것은?

① 고지대에서도 출력의 감소가 적다.
② 회전력이 증가한다.
③ 기관 출력이 향상된다.
④ 압축 온도의 상승으로 착화 지연 시간이 길어진다.

5 지게차의 하중을 지지하는 것은?

① 마스터 실린더 ② 구동차축
③ 차동장치 ④ 최종 구동장치

답안 표기란

6 ① ② ③ ④
7 ① ② ③ ④
8 ① ② ③ ④
9 ① ② ③ ④
10 ① ② ③ ④
11 ① ② ③ ④

6 **보호구의 구비 조건으로 가장 거리가 먼 것은?**

① 착용이 복잡할 것
② 유해 위험 요소에 대한 방호성능이 충분할 것
③ 재료의 품질이 우수할 것
④ 작업에 방해가 되지 않을 것

7 **온도에 따른 오일의 점도 변화 정도를 표시하는 것은?**

① 점도 분포 ② 점도
③ 점도 지수 ④ 윤활 성능

8 **지게차에서 엔진의 가동이 정지되었을 때 레버를 밀어도 마스트가 경사되지 않도록 하는 것은?**

① 벨 크랭크 기구 ② 틸트 록 장치
③ 체크 밸브 ④ 스태빌라이저

9 **건식 공기청정기 세척 방법으로 가장 적합한 것은?**

① 압축 공기로 안에서 밖으로 불어낸다.
② 압축 공기로 밖에서 안으로 불어낸다.
③ 압축 오일로 안에서 밖으로 불어낸다.
④ 압축 오일로 밖에서 안으로 불어낸다.

10 **전기회로에서 단락에 의해 전선이 타거나 과대 전류가 부하에 흐르지 않도록 하는 구성품은?**

① 스위치 ② 릴레이
③ 퓨즈 ④ 축전지

11 **기관에 사용되는 윤활유의 소비가 증대될 수 있는 두 가지 원인은?**

① 연소와 누설 ② 비산과 압력
③ 희석과 혼합 ④ 비산과 희석

12 실드형 예열 플러그에 대한 설명으로 옳은 것은?

① 히트 코일이 노출되어 있다.
② 발열량은 많으나 열용량은 적다.
③ 열선이 병렬로 결선되어 있다.
④ 축전지의 전압을 강하시키기 위하여 직렬 접속한다.

13 성능이 불량하거나 사고가 자주 발생하는 건설기계의 안전성 등을 점검하기 위하여 수시로 실시하는 검사와 건설기계 소유자의 신청을 받아 실시하는 검사는?

① 신규 등록 검사
② 정기 검사
③ 수시 검사
④ 구조 변경 검사

14 흡기장치의 요구 조건으로 틀린 것은?

① 전 회전 영역에 걸쳐서 흡입 효율이 좋아야 한다.
② 균일한 분배성을 가져야 한다.
③ 흡입부에 와류가 발생할 수 있는 돌출부를 설치해야 한다.
④ 연소 속도를 빠르게 해야 한다.

15 최고 속도의 100분의 20을 줄인 속도로 운행하여야 할 경우는?

① 노면이 얼어붙은 때
② 폭우·폭설·안개 등으로 가시거리가 100미터 이내일 때
③ 눈이 20밀리미터 이상 쌓인 때
④ 비가 내려 노면이 젖어 있을 때

16 교류 발전기의 주요 구성 요소가 아닌 것은?

① 3상 전압을 유도시키는 스테이터
② 전류를 공급하는 계자 코일
③ 자계를 발생시키는 로터
④ 다이오드가 설치되어 있는 엔드 프레임

답안 표기란

12	①	②	③	④
13	①	②	③	④
14	①	②	③	④
15	①	②	③	④
16	①	②	③	④

답안 표기란

17	①	②	③	④
18	①	②	③	④
19	①	②	③	④
20	①	②	③	④
21	①	②	③	④

17 **사용 중인 작동유의 수분 함유 여부를 현장에서 판정하는 것으로 가장 적합한 방법은?**

① 오일의 냄새를 맡아본다.
② 오일을 가열한 철판 위에 떨어뜨려 본다.
③ 여과지에 약간(3~4방울)의 오일을 떨어뜨려 본다.
④ 오일을 시험관에 담아, 침전물을 확인한다.

18 **해당 건설기계 운전의 국가기술자격 소지자가 건설기계 조종 시 면허를 받지 않고 작업을 하였을 경우는?**

① 무면허이다.
② 자격증이 면허를 대신하므로 상관없다.
③ 적발만 안 되면 상관없다.
④ 도로주행만 하지 않으면 괜찮다.

19 **기어 모터의 장점에 해당하지 않는 것은?**

① 구조가 간단하다.
② 토크 변동이 크다.
③ 가혹한 운전 조건에서 비교적 잘 견딘다.
④ 먼지나 이물질에 의한 고장 발생률이 낮다.

20 **앞 차와의 안전 거리를 가장 바르게 설명한 것은?**

① 앞 차 속도의 0.3배 거리
② 앞 차와의 평균 8미터 이상 거리
③ 앞 차의 진행 방향을 확인할 수 있는 거리
④ 앞 차가 갑자기 정지하였을 때 충돌을 피할 수 있는 거리

21 **유압장치의 고장 원인과 거리가 먼 것은?**

① 작동유의 과도한 온도 상승
② 작동유에 공기·물 등의 이물질 혼입
③ 조립 및 접속 불량
④ 윤활성이 좋은 작동유 사용

답안 표기란
22 ① ② ③ ④
23 ① ② ③ ④
24 ① ② ③ ④
25 ① ② ③ ④
26 ① ② ③ ④

22 **건설기계해체재활용업 등록은 누구에게 하는가?**

① 국토교통부장관　　② 시·도지사

③ 행정안전부장관　　④ 읍·면·동장

23 **유압장치에서 오일에 거품이 생기는 원인으로 가장 거리가 먼 것은?**

① 유압유의 점도 지수가 클 때

② 오일이 부족하여 공기가 일부 흡입되었을 때

③ 오일 탱크와 펌프 사이에서 공기가 유입될 때

④ 유압 펌프 축 주위의 토출측 실(seal)이 손상되었을 때

24 **주행 중 앞지르기 금지 장소가 아닌 것은?**

① 교차로　　② 터널 안

③ 버스정류장 부근　　④ 다리 위

25 **그림의 유압 기호는 무엇을 표시하는가?**

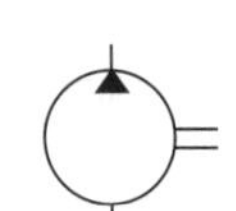

① 오일 쿨러

② 유압 탱크

③ 유압 펌프

④ 유압 밸브

26 **건설기계 등록 전에 임시운행의 사유에 해당되지 않는 것은?**

① 등록신청을 하기 위하여 건설기계를 등록지로 운행하고자 할 때

② 등록신청 전에 건설기계 공사를 하기 위하여 임시로 사용하고자 할 때

③ 수출을 하기 위해 건설기계를 선적지로 운행할 때

④ 신개발 건설기계를 시험 운행하고자 할 때

27 건설기계의 형식에 관한 승인을 얻거나 그 형식을 신고한 자의 사후 관리 사항으로 틀린 것은?

① 건설기계를 판매한 날부터 12개월 동안 무상으로 건설기계의 정비 및 정비에 필요한 부품을 공급하여야 한다.
② 사후 관리 기간 내일지라도 취급 설명서에 따라 관리하지 아니 함으로 인하여 발생한 고장 또는 하자는 유상으로 정비하거나 부품을 공급할 수 있다.
③ 사후 관리 기간 내일지라도 정기적으로 교체하여야 하는 부품 또는 소모성 부품에 대하여는 유상으로 공급할 수 있다.
④ 주행거리가 2만 킬로미터를 초과하거나 가동시간이 2천 시간을 초과하여도 12개월 이내면 무상으로 사후관리 하여야 한다.

28 유압장치에서 오일 냉각기(Oil cooler)의 구비 조건으로 틀린 것은?

① 촉매작용이 없을 것
② 오일 흐름에 저항이 클 것
③ 온도 조정이 잘 될 것
④ 정비 및 청소하기가 편리할 것

29 유압기기는 작은 힘으로 큰 힘을 얻기 위해 어느 원리를 적용하는가?

① 베르누이 원리
② 아르키메데스의 원리
③ 보일의 원리
④ 파스칼의 원리

30 안전의 제일 이념에 해당하는 것은?

① 품질 향상
② 재산 보호
③ 인간 존중
④ 생산성 향상

31 산업재해 부상의 종류별 구분에서 경상해란?

① 부상으로 1일 이상 14일 이하의 노동 손실을 가져온 상해 정도
② 응급처치 이하의 상처로 작업에 종사하면서 치료를 받는 상해 정도
③ 부상으로 인하여 2주 이상의 노동 손실을 가져온 상해 정도
④ 업무상 목숨을 잃게 되는 경우

답안 표기란

27	①	②	③	④
28	①	②	③	④
29	①	②	③	④
30	①	②	③	④
31	①	②	③	④

32 유량 제어 밸브를 실린더와 병렬로 연결하여 실린더의 속도를 제어하는 회로는?

① 미터 인 회로 ② 미터 아웃 회로
③ 블리드 오프 회로 ④ 블리드 온 회로

33 축전지와 전동기를 동력원으로 하는 지게차는?

① 전동 지게차 ② 유압 지게차
③ 엔진 지게차 ④ 수동 지게차

34 산업안전보건에서 안전표지의 종류가 아닌 것은?

① 위험표지 ② 경고표지
③ 지시표지 ④ 금지표지

35 세척작업 중 알칼리 또는 산성 세척유가 눈에 들어갔을 경우 가장 먼저 조치하여야 하는 응급처치는?

① 먼저 수돗물로 씻어낸다.
② 눈을 크게 뜨고 바람 부는 쪽을 향해 눈물을 흘린다.
③ 알칼리성 세척유가 눈에 들어가면 붕산수를 구입하여 중화시킨다.
④ 산성 세척유가 눈에 들어가면 병원으로 후송하여 알칼리성으로 중화시킨다.

36 지게차 인칭 조절장치에 대한 설명으로 옳은 것은?

① 트랜스미션 내부에 있다.
② 브레이크 드럼 내부에 있다.
③ 디셀레이터 페달이다.
④ 작업장치의 유압상승을 억제한다.

37 일반 공구의 안전한 사용법으로 적합하지 않은 것은?

① 언제나 깨끗한 상태로 보관한다.
② 엔진의 헤드 볼트 작업에는 소켓 렌치를 사용한다.
③ 렌치의 조정 조에 잡아당기는 힘이 가해져야 한다.
④ 파이프 렌치에는 연장대를 끼워서 사용하지 않는다.

답안 표기란

32	①	②	③	④
33	①	②	③	④
34	①	②	③	④
35	①	②	③	④
36	①	②	③	④
37	①	②	③	④

38 지게차가 자동차와 다르게 현가 스프링을 사용하지 않는 이유는?

① 롤링이 생기면 적하물이 떨어질 수 있기 때문에
② 현가장치가 있으면 조향이 어렵기 때문에
③ 화물에 충격을 줄여주기 위해
④ 앞차축이 구동축이기 때문에

39 해머작업 시 안전수칙 설명으로 틀린 것은?

① 열처리된 재료는 해머로 때리지 않도록 주의한다.
② 녹이 있는 재료를 작업할 때는 보호 안경을 착용하여야 한다.
③ 자루가 불안정한 것(쐐기가 없는 것 등)은 사용하지 않는다.
④ 장갑을 끼고 시작은 강하게, 점차 약하게 타격한다.

40 안전을 위하여 눈으로 보고 손으로 가리키고, 입으로 복창하며 귀로 듣고, 머리로 종합적인 판단을 하는 지적 확인의 특성은?

① 안전 태도를 형성한다.
② 지식 수준을 높인다.
③ 육체적 기능 수준을 높인다.
④ 의식을 강화한다.

41 지게차에서 주행 중 조향 핸들이 떨리는 원인으로 가장 거리가 먼 것은?

① 타이어 밸런스가 맞지 않을 때
② 휠이 휘었을 때
③ 스티어링 기어의 마모가 심할 때
④ 포크가 휘었을 때

42 정비 공장의 정리정돈 시 안전 수칙으로 틀린 것은?

① 잭 사용 시 반드시 안전작동으로 2중 안전장치를 할 것
② 사용이 끝난 공구는 즉시 정리하여 공구상자 등에 보관할 것
③ 소화기구 부근에 장비를 세워두지 말 것
④ 바닥에 먼지가 나지 않도록 물을 뿌릴 것

43 지게차의 작업 장치에 속하지 않는 것은?

① 사이드 시프트
② 로테이팅 클램프
③ 힌지드 버킷
④ 브레이커

답안 표기란

38	①	②	③	④
39	①	②	③	④
40	①	②	③	④
41	①	②	③	④
42	①	②	③	④
43	①	②	③	④

44 **클러치의 구비 조건으로 틀린 것은?**

① 동력 차단이 신속할 것　② 회전 부분 평형이 좋을 것
③ 방열이 잘 될 것　④ 구조가 복잡할 것

45 **지게차의 리프트 실린더 작동회로에 사용되는 플로 레귤레이터(슬로 리턴) 밸브의 역할은?**

① 포크 상승 시 작동유의 압력을 높여준다.
② 포크가 상승하다가 리프트 실린더 중간에서 정지 시 실린더 내부 누유를 방지한다.
③ 포크의 하강 속도를 조절하여 포크가 천천히 내려오도록 한다.
④ 짐을 하강할 때 신속하게 내려오도록 한다.

46 **지게차의 타이어에 11.00-20-12PR이란 표시 중 "11.00"이 나타내는 것은?**

① 타이어 외경을 인치로 표시한 것
② 타이어 폭을 센티미터로 표시한 것
③ 타이어 내경을 인치로 표시한 것
④ 타이어 폭을 인치로 표시한 것

47 **지게차에서 틸트 실린더의 역할은?**

① 차체 수평 유지　② 포크의 상하 이동
③ 마스트 앞·뒤 경사 조정　④ 차체 좌우 회전

48 **지게차 조향장치의 구비 조건에 관한 설명 중 틀린 것은?**

① 조향 조작이 경쾌하고 자유로워야 한다.
② 회전 반경이 되도록 커야 한다.
③ 타이어 및 조향장치의 내구성이 커야 한다.
④ 노면으로부터의 충격이나 원심력 등의 영향을 받지 않아야 한다.

49 **지게차의 동력 조향장치에 사용되는 유압 실린더로 가장 적합한 것은?**

① 단동 실린더 플런저형　② 복동 실린더 싱글 로드형
③ 복동 실린더 더블 로드형　④ 다단 실린더 텔레스코픽형

답안 표기란	
44	① ② ③ ④
45	① ② ③ ④
46	① ② ③ ④
47	① ② ③ ④
48	① ② ③ ④
49	① ② ③ ④

50 자동차의 승차 정원에 대한 내용으로 옳은 것은?

① 등록증에 기재된 인원 ② 화물자동차 4명
③ 승용자동차 4명 ④ 운전자를 제외한 나머지 인원

51 축압기(어큐뮬레이터)의 기능과 관계가 없는 것은?

① 충격 압력 흡수 ② 유압 에너지 축적
③ 릴리프 밸브 제어 ④ 유압 펌프 맥동 흡수

52 지게차의 뒷부분에 설치되어 화물을 실었을 때 앞쪽으로 기울어지는 것을 방지하기 위하여 설치되어 있는 것은?

① 기관 ② 클러치
③ 변속기 ④ 평형추

53 지게차 포크를 하강시키는 방법으로 가장 적합한 것은?

① 가속 페달을 밟고 리프트 레버를 앞으로 민다.
② 가속 페달을 밟고 리프트 레버를 뒤로 당긴다.
③ 가속 페달을 밟지 않고 리프트 레버를 뒤로 당긴다.
④ 가속 페달을 밟지 않고 리프트 레버를 앞으로 민다.

54 「도로교통법」상 교통사고에 해당되지 않는 것은?

① 도로 운전 중 언덕길에서 추락하여 부상한 사고
② 차고에서 적재하던 화물이 전락하여 사람이 부상한 사고
③ 주행 중 브레이크 고장으로 도로변의 전주를 충돌한 사고
④ 도로 주행 중 화물이 추락하여 사람이 부상한 사고

55 유압장치에서 피스톤 로드에 있는 먼지 또는 오염물질 등이 실린더 내로 혼입되는 것을 방지하는 것은?

① 필터(Filter) ② 더스트 실(Dust seal)
③ 밸브(Valve) ④ 실린더 커버(Cylinder cover)

답안 표기란	
50	① ② ③ ④
51	① ② ③ ④
52	① ② ③ ④
53	① ② ③ ④
54	① ② ③ ④
55	① ② ③ ④

56 지게차의 동력전달 순서로 옳은 것은?

① 엔진 → 변속기 → 토크 컨버터 → 종감속 기어 및 차동장치 → 최종감속 기어 → 앞 구동축 → 앞바퀴
② 엔진 → 변속기 → 토크 컨버터 → 종감속 기어 및 차동장치 → 앞 구동축 → 최종감속 기어 → 앞바퀴
③ 엔진 → 토크 컨버터 → 변속기 → 앞 구동축 → 종감속 기어 및 차동장치 → 최종감속 기어 → 앞바퀴
④ 엔진 → 토크컨 버터 → 변속기 → 종감속 기어 및 차동장치 → 앞 구동축 → 최종감속 기어 → 앞바퀴

57 커먼 레일 디젤기관의 센서에 대한 설명이 아닌 것은?

① 연료 온도 센서는 연료 온도에 따른 연료량 보정 신호로 사용된다.
② 수온 센서는 기관 온도에 따른 연료량을 증감하는 보정 신호로 사용된다.
③ 수온 센서는 기관의 온도에 따른 냉각 팬 제어 신호로 사용된다.
④ 크랭크 포지션 센서는 밸브 개폐 시기를 검출한다.

58 지게차의 운전 장치를 조작하는 동작의 설명으로 틀린 것은?

① 전·후진 레버를 앞으로 밀면 후진이 된다.
② 틸트 레버를 뒤로 당기면 마스트는 뒤로 기운다.
③ 리프트 레버를 앞으로 밀면 포크가 내려간다.
④ 전·후진 레버를 뒤로 당기면 후진이 된다.

59 직권식 기동 전동기의 전기자 코일과 계자 코일의 연결로 옳은 것은?

① 병렬로 연결되어 있다.
② 직렬로 연결되어 있다.
③ 직렬·병렬로 연결되어 있다.
④ 계자 코일은 직렬, 전기자 코일은 병렬로 연결되어 있다.

60 지게차 작업장치의 동력전달 기구가 아닌 것은?

① 리프트 체인　② 틸트 실린더
③ 리프트 실린더　④ 트렌치 호

답안 표기란				
56	①	②	③	④
57	①	②	③	④
58	①	②	③	④
59	①	②	③	④
60	①	②	③	④

산업안전표지

금지표지	출입 금지	보행 금지	차량 통행 금지	사용 금지	탑승 금지
	금연	화기 금지	물체 이동 금지		
경고표지	인화성물질 경고	산화성물질 경고	폭발성물질 경고	급성독성물질 경고	부식성물질 경고
	방사성물질 경고	고압 전기 경고	매달린 물체 경고	낙하물 경고	고온 경고
	저온 경고	몸균형 상실 경고	레이저 광선 경고	발암성·변이원성·생식독성·전신독성·호흡기과민성물질경고	위험 장소 경고
지시표지	보안경 착용	방독마스크 착용	방진마스크 착용	보안면 착용	안전모 착용
	귀마개 착용	안전화 착용	안전장갑 착용	안전복 착용	
안내표지	녹십자	응급구호	들것	세안장치	비상용기구
	비상구	좌측 비상구	우측 비상구		

교통안전표지일람표

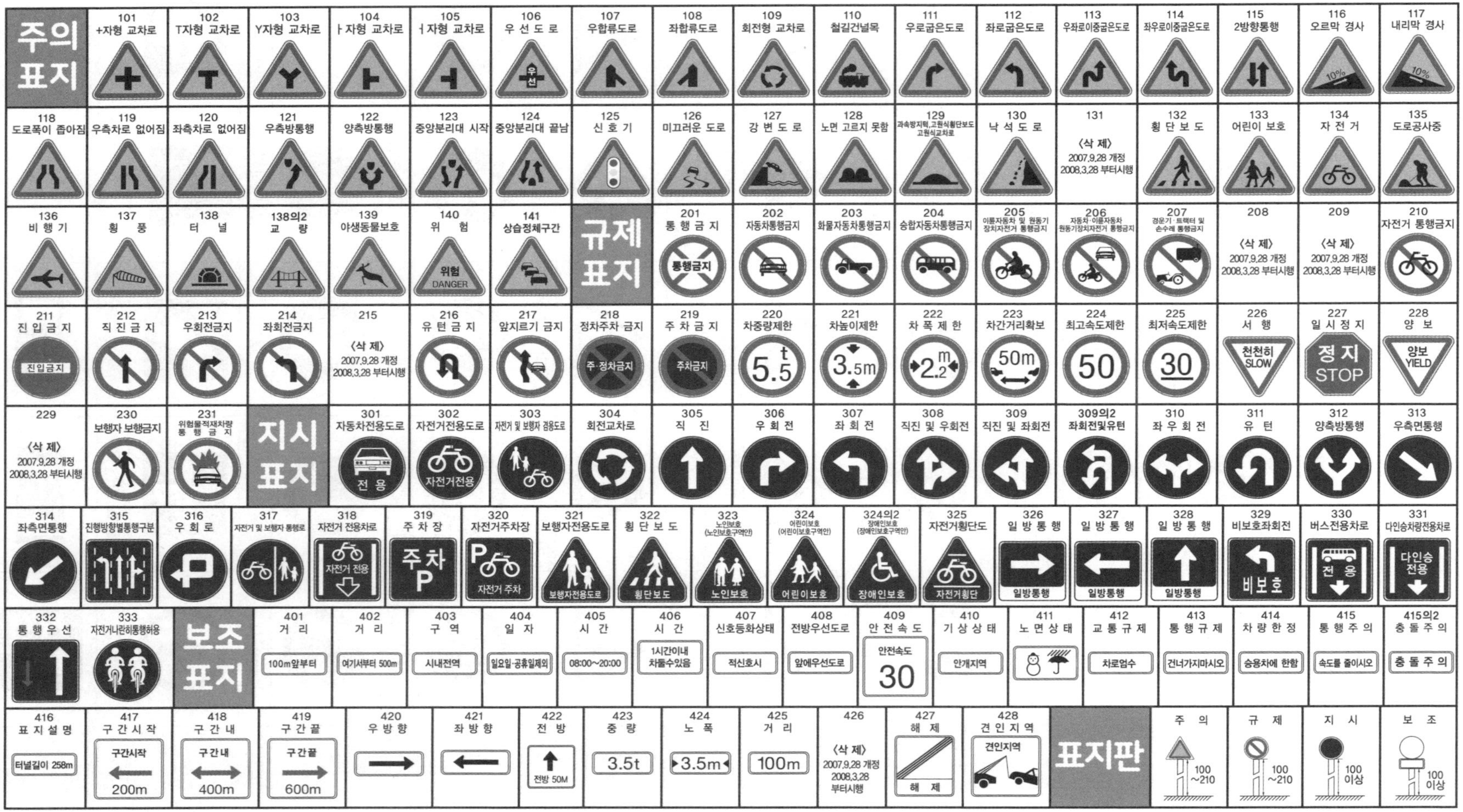

주의표지

번호	명칭	표지 내 문구
101	+자형 교차로	
102	T자형 교차로	
103	Y자형 교차로	
104	ㅏ자형 교차로	
105	ㅓ자형 교차로	
106	우 선 도 로	우선
107	우합류도로	
108	좌합류도로	
109	회전형 교차로	
110	철길건널목	
111	우로굽은도로	
112	좌로굽은도로	
113	우좌로이중굽은도로	
114	좌우로이중굽은도로	
115	2방향통행	
116	오르막 경사	10%
117	내리막 경사	10%
118	도로폭이 좁아짐	
119	우측차로 없어짐	
120	좌측차로 없어짐	
121	우측방통행	
122	양측방통행	
123	중앙분리대 시작	
124	중앙분리대 끝남	
125	신 호 기	
126	미끄러운 도로	
127	강 변 도 로	
128	노면 고르지 못함	
129	과속방지턱,고원식횡단보도 고원식교차로	
130	낙 석 도 로	
131	〈삭 제〉 2007.9.28 개정 2008.3.28 부터시행	
132	횡 단 보 도	
133	어린이 보호	
134	자 전 거	
135	도로공사중	
136	비 행 기	
137	횡 풍	
138	터 널	
138의2	교 량	
139	야생동물보호	
140	위 험	위험 DANGER
141	상습정체구간	

규제표지

번호	명칭	표지 내 문구
201	통 행 금 지	통행금지
202	자동차통행금지	
203	화물자동차통행금지	
204	승합자동차통행금지	
205	이륜자동차 및 원동기장치자전거 통행금지	
206	자동차·이륜자동차 원동기장치자전거 통행금지	
207	경운기·트랙터 및 손수레 통행금지	
208	〈삭 제〉 2007.9.28 개정 2008.3.28 부터시행	
209	〈삭 제〉 2007.9.28 개정 2008.3.28 부터시행	
210	자전거 통행금지	
211	진 입 금 지	진입금지
212	직 진 금 지	
213	우회전금지	
214	좌회전금지	
215	〈삭 제〉 2007.9.28 개정 2008.3.28 부터시행	
216	유 턴 금 지	
217	앞지르기 금지	
218	정차주차 금지	주·정차금지
219	주 차 금 지	주차금지
220	차중량제한	5.5t
221	차높이제한	3.5m
222	차 폭 제 한	2.2m
223	차간거리확보	50m
224	최고속도제한	50
225	최저속도제한	30
226	서 행	천천히 SLOW
227	일 시 정 지	정지 STOP
228	양 보	양보 YIELD
229	〈삭 제〉 2007.9.28 개정 2008.3.28 부터시행	
230	보행자 보행금지	
231	위험물적재차량 통행금지	

지시표지

번호	명칭	표지 내 문구
301	자동차전용도로	전용
302	자전거전용도로	자전거전용
303	자전거 및 보행자 겸용도로	
304	회전교차로	
305	직 진	
306	우 회 전	
307	좌 회 전	
308	직진 및 우회전	
309	직진 및 좌회전	
309의2	좌회전및유턴	
310	좌 우 회 전	
311	유 턴	
312	양측방통행	
313	우측면통행	
314	좌측면통행	
315	진행방향별통행구분	
316	우 회 로	
317	자전거 및 보행자 통행구분	
318	자전거 전용차로	자전거 전용
319	주 차 장	주차 P
320	자전거주차장	자전거 주차
321	보행자전용도로	보행자전용도로
322	횡 단 보 도	횡단보도
323	노인보호 (노인보호구역안)	노인보호
324	어린이보호 (어린이보호구역안)	어린이보호
324의2	장애인보호 (장애인보호구역안)	장애인보호
325	자전거횡단도	자전거횡단
326	일 방 통 행	일방통행
327	일 방 통 행	일방통행
328	일 방 통 행	일방통행
329	비보호좌회전	비보호
330	버스전용차로	전용
331	다인승차량전용차로	다인승 전용
332	통 행 우 선	
333	자전거나란히통행허용	

보조표지

번호	명칭	표지 내 문구
401	거 리	100m앞부터
402	거 리	여기서부터 500m
403	구 역	시내전역
404	일 자	일요일·공휴일제외
405	시 간	08:00~20:00
406	시 간	1시간이내 차둘수있음
407	신호등화상태	적신호시
408	전방우선도로	앞에우선도로
409	안 전 속 도	안전속도 30
410	기 상 상 태	안개지역
411	노 면 상 태	
412	교 통 규 제	차로엄수
413	통 행 규 제	건너가지마시오
414	차 량 한 정	승용차에 한함
415	통 행 주 의	속도를 줄이시오
415의2	충 돌 주 의	충 돌 주 의
416	표 지 설 명	터널길이 258m
417	구 간 시 작	구간시작 200m
418	구 간 내	구간내 400m
419	구 간 끝	구간끝 600m
420	우 방 향	
421	좌 방 향	
422	전 방	전방 50M
423	중 량	3.5t
424	노 폭	3.5m
425	거 리	100m
426	〈삭 제〉 2007.9.28 개정 2008.3.28 부터시행	
427	해 제	해 제
428	견 인 지 역	견인지역

표지판

주 의	규 제	지 시	보 조
100 ~210	100 ~210	100 이상	100 이상

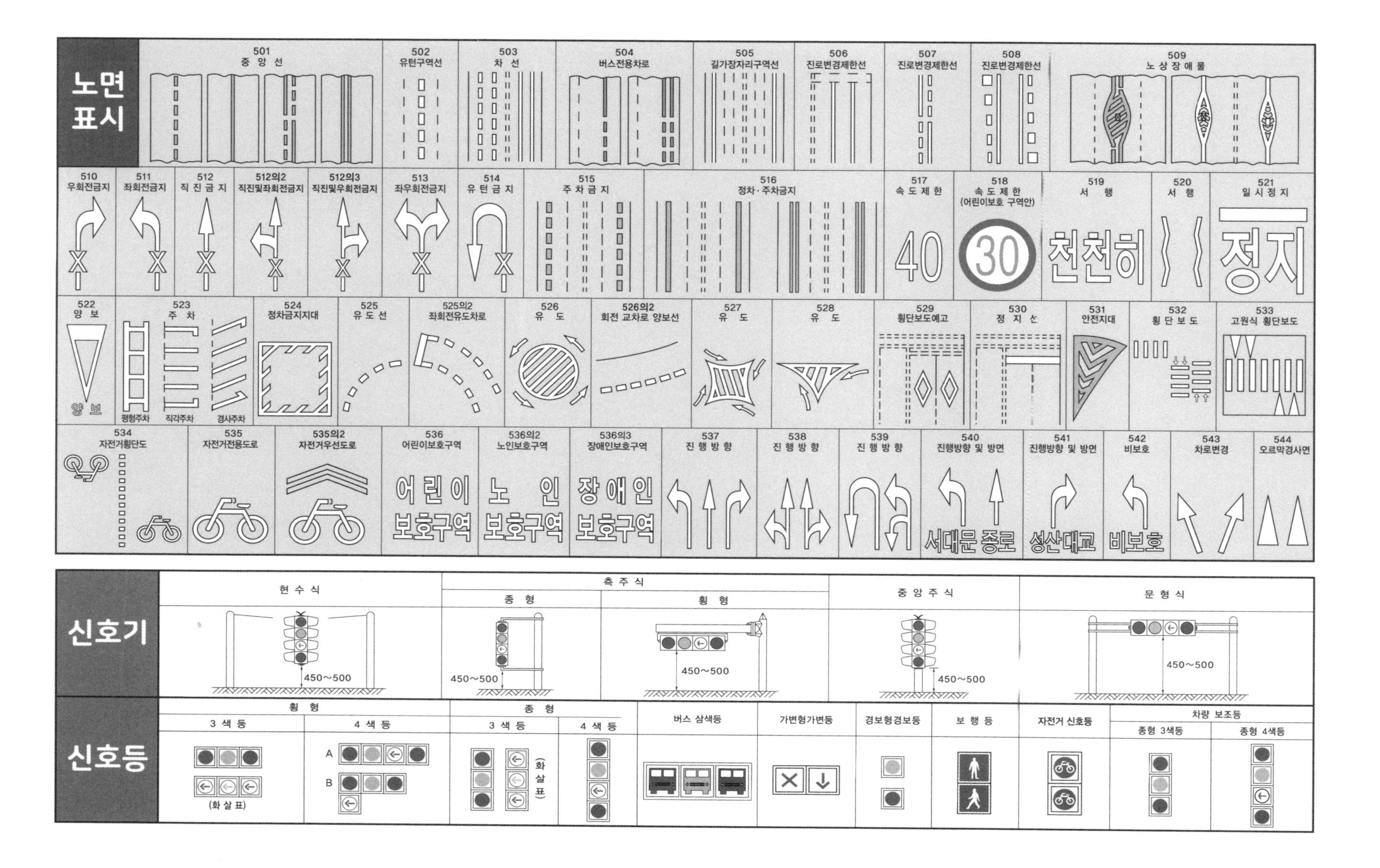
노면 표시
501 중 앙 선
502 유턴구역선
503 차 선
504 버스전용차로
505 길가장자리구역선
506 진로변경제한선
507 진로변경제한선
508 진로변경제한선
509 노 상 장 애 물
510 우회전금지
511 좌회전금지
512 직 진 금 지
512의2 직진및좌회전금지
512의3 직진및우회전금지
513 좌우회전금지
514 유 턴 금 지
515 주 차 금 지
516 정차·주차금지
517 속 도 제 한
40
518 속 도 제 한 (어린이보호 구역안)
30
519 서 행
천천히
520 서 행
521 일 시 정 지
정지
522 양 보
양 보
523 주 차
평행주차
직각주차
경사주차
524 정차금지지대
525 유 도 선
525의2 좌회전유도차로
526 유 도
526의2 회전 교차로 양보선
527 유 도
528 유 도
529 횡단보도예고
530 정 지 선
531 안전지대
532 횡 단 보 도
533 고원식 횡단보도
534 자전거횡단도
535 자전거전용도로
535의2 자전거우선도로
536 어린이보호구역
어린이 보호구역
536의2 노인보호구역
노 인 보호구역
536의3 장애인보호구역
장애인 보호구역
537 진 행 방 향
538 진 행 방 향
539 진 행 방 향
540 진행방향 및 방면
서대문 종로
541 진행방향 및 방면
성산대교
542 비보호
비보호
543 차로변경
544 오르막경사면
신호기
현 수 식
450~500
측 주 식
종 형
450~500
횡 형
450~500
중 앙 주 식
450~500
문 형 식
450~500
신호등
횡 형
3 색 등
(화 살 표)
4 색 등
A
B
종 형
3 색 등
(화살표)
4 색 등
버스 삼색등
가변형가변등
경보형경보등
보 행 등
자전거 신호등
차량 보조등
종형 3색등
종형 4색등